自动化基础实训

胡立坤　主编

科学出版社

北京

内 容 简 介

本书主要包括元器件检测、软件实训（电子电路、电气电路、三维造型）、焊接与调试、配电与电气接线、传感器测试、闭环系统搭建与测试等 11 个实训内容，并且附有实训相关的仪器使用说明。本书适用于学生动手能力的培养，是自动化导学与实践的配套实训教材。

本书可供大学一、二年级自动化、电气工程及其自动化、机械电子工程等专业教学使用，也可作为相关特设专业，如机器人工程、轨道交通信号与控制、建筑电气与智能化、电气工程与智能控制等专业教学参考书。

图书在版编目(CIP)数据

自动化基础实训/胡立坤主编. —北京：科学出版社，2018.6

ISBN 978-7-03-057233-2

I. ①自… II. ①胡… III. ①自动化技术－高等学校－教材

IV. ①TP2

中国版本图书馆 CIP 数据核字(2018)第 083326 号

责任编辑：郭勇斌 肖 雷/责任校对：王萌萌
责任印制：徐晓晨/封面设计：蔡美宇

科学出版社 出版
北京东黄城根北街 16 号
邮政编码：100717
http://www.sciencep.com
北京中石油彩色印刷有限责任公司 印刷
科学出版社发行 各地新华书店经销

*

2018 年 7 月第 一 版　　　开本：787×1092　1/16
2020 年 8 月第三次印刷　　　印张：13 1/2
字数：268 000
定价：48.00 元
（如有印装质量问题，我社负责调换）

前　言

本书由广西大学、广西晨启科技有限公司和安阳工学院联合结合自动化相关课程内容与低年级学生实际情况编撰，广西大学冼月萍老师编写了实训七、实训八，广西晨启科技有限公司吴忠深工程师编写了附录，广西大学韦善革老师编写了实训九，安阳工学院王頔老师编写了实训一。本书贯彻"学中做、做中学"的教学理念。为保证实训项目的典型性、实用性，在收集各种实训项目资料的基础上，经过精心挑选，整理 11个实训项目，同时配套相应的实训设备（荣获 2016 第四届全国高校自制实验仪器设备三等奖）。

考虑低年级学生的实验安全意识淡薄，为了保证学生的生命安全，避免事故，同时保证实训效果，在开展实训课程前介绍了一些与实训相关的知识。

按照教学大纲的课时和内容要求，分别对 11 个实训项目的目的、所用器材与软件、内容和步骤、报告格式内容与总结进行了详细阐述。11 个实训项目及其学时安排如下表。

实训项目		课内学时	课外学时	备注
实训一	基本仪表使用与基础电子元件的检测	4	/	分组交报告
实训二	自制线性直流稳压电源原理图与印制版图的绘制	1（检查）	3	个人交报告
实训三	自制线性直流稳压电源电路板的焊接	3	/	分组交报告
实训四	自制线性直流稳压电源调试及性能测试	3	/	分组交报告
实训五	低压配电与应用	3	/	分组交报告
实训六	电动机系统电路原理图与电气接线图绘制	1（检查）	3	个人交报告
实训七	低压电器检测和电动机点动与连续运行	3	/	分组交报告
实训八	三相异步电动机的可逆运行控制	3	/	分组交报告
实训九	Pt100 温度传感器性能	3	/	分组交报告
实训十	温度控制系统的调试	5	/	分组交报告
实训十一	绘制温控装置的屏、箱、柜、体图	1（检查）	3	分组交报告

每个实训均提供报告模板，按报告模板撰写报告：

（1）课内学时完成的实训项目在课前提交预习报告（每位同学一份），在规定的实训课时内必须完成，将数据记录在指导书中，课后整理到统一的实训报告模板纸。

（2）课外学时完成的绘图实验，按给出的图纸格式画图纸和打印图纸，并且作为附件放在实训报告（有统一的实训报告模板纸）之后，在课内检查时提交。

请读者注意，本实训教材与自动化实践初步实训箱配套使用。

编　者

2017 年 12 月

目　录

实 训 须 知

一、实验室注意事项

实验室注意事项主要包括三个方面：安全与能源使用、环境卫生、元件仪器和软件。

1. 安全与能源使用方面注意事项

（1）注意自己的安全，注意他人的安全，注意实验室设备安全。

（2）安全用电至关重要。电类实验室发生火灾等异常情况大多是由用电不当导致的。

①首先，清楚水、电和火的关系（第一次实验时检查是否填写，给表现成绩）：

_____

_____

_____

_____

_____。

②其次，了解实验室供电系统，确认实验室配电箱的位置，明确各断路器（空气开关）的作用。

③再次，确认实训台的电源总开关，以便在实训过程中遇到意外情况时立即切断电源。

④最后，清楚灭火器位置。

（3）节约水电，不浪费——人员离开时要断开总电源，关闭水龙头。

（4）注意仪器设备和实验线路的上电顺序与断电顺序。

①上电前，先确保线路本身（或设备）的开关处于断开状态，待电源合闸后，再闭合开关。

②断电前，先断开线路本身或设备开关，再断开电源闸，遵循"先弱电、后强电"原则。

③对线路进行任何修改时，必须先切断电源。

2. 环境卫生方面注意事项

（1）环境和仪器的清洁整齐是实训顺利完成的重要条件，因此实训台面必须保持整洁，仪器设备要井然有序。

（2）个人携带与实训无关的物品，不得乱放在实训台上。

（3）必须保持安静的实训环境。实验室内不得高声谈笑，实训时不能大声喧哗。

（4）实训完毕后，须将仪器设备恢复原状，排列整齐。将实训台面打扫干净，经实训老师验收仪器后，方可离开实验室。

（5）每次实训后，值日生要负责当日实验室的卫生、安全和一些服务性工作。

3. 元件仪器和软件方面注意事项

（1）爱护仪器，不浪费元件。

（2）公用仪器如有损坏，应立即向实训老师报告。

（3）实验室内一切物品，未经实训老师批准严禁带出实验室。

（4）不得恶意删除实验软件。

二、实训前的预习

对于实训项目而言，做好预习就等于完成了实训项目的三分之一。实训项目的预习包含如下内容：

（1）根据实训老师提前布置的实训项目安排，认真阅读本次相应实训项目的内容；

（2）掌握实训项目中所用仪器设备的使用方法。预习做不好，实训过程会延长，可能出现没有必要的意外，实训后也没有收获。

实训项目的预习（对绘图类实训不需要预习）要求回答以下几个方面问题：

（1）一句话概括本次实训项目的目的。

（2）本次实训项目所用的仪器设备与材料有哪些（分开写）？会使用吗？若不会用，请向实训老师或任课老师请教。

（3）本次实训项目涉及的相关视频看了哪些？请列出出处。

（4）对应本次实训项目的理论课程内容是否自学了？请列出对应教材的页码，并且简明扼要、条理清晰地总结相关内容，要求成句，而不是短语（不少于 100 字）。

（5）请概括本次实训项目主要实验原理（不少于 50 字）。写出大致的实验步骤，根据不同实验内容画出必要的接线图或仪表测量图，写明各步骤中需要注意安全事项（不少于50字）。

（6）要记录哪些数据？看懂实验数据记录表了吗（不少于50字）？

预习报告要回答上述6个方面的问题，请按预习报告模板撰写，每组一份。实训时请带上手写的预习报告（要检查并计入实验成绩）。

三、实训过程中操作注意事项

进入实验室，根据分组编号安静地走到对应的实训台，首先要做以下2件事。

（1）目测检查仪器设备的状况，记录主要设备和仪器仪表的型号。

（2）检查实训所需设备和部件是否齐全。如不齐全，应及时向实训老师说明。

实训过程中，防止触电应注意事项有以下8点。

（1）不要用潮湿的手接触电器。

（2）电源裸露部分应包裹绝缘材料（如电线接头处应包裹绝缘胶布）。

（3）所有电器的金属外壳都应保护接地。

（4）实训时，应先连接电路，经检查无误后再接通电源。实训结束时，先切断电源再拆线路。

（5）变换线路连接时，应先切断电源。

（6）线路中各连接点应牢固，电路元件两端接头不要互相接触，以防短路。

（7）如果有人触电，应迅速切断电源，然后进行抢救。

（8）如果电线起火，立即切断电源，用沙、二氧化碳灭火器或四氯化碳灭火器（有毒污染环境，已不能生产）灭火，禁止用水或泡沫灭火器等灭火。

实训时，使用仪器设备注意事项有以下4点。

（1）使用仪器设备前，先了解要求使用的电源：①如果是交流电（AC），应了解是三相电还是单相电，同时还应了解电压的大小（如380 V、220 V、110 V或36 V等）。②如果是直流电（DC），必须清楚仪器设备接入电源的正负极极性和电压值。

（2）测量时要注意：①确定被测信号的种类，如交流电压或直流电压、交流电流或直流电流等。②确定仪器设备量程。

（3）在仪器设备使用过程中，如果发现有不正常声响，仪器设备局部升温或嗅到绝缘漆过热产生的焦味，应立即切断电源，并报告实训老师进行检查。

（4）不熟悉的仪器设备，应请实训老师指导后使用，切勿随意操作。

其他注意事项有以下5点。

（1）实训项目通常分为若干子项目。对于每一个子项目，不要着急操作。应先在脑中将实训过程及操作步骤完整地思考一遍，将操作步骤想清楚再操作。

（2）实训时如有问题发生，应首先用学过的知识独立思考解决，努力培养独立分析问题和解决问题的能力，如果自己不能解决可与实训老师共同讨论研究，提出解决问题的办法。

（3）实训时，必须随时把观察到的现象和实验数据如实地记录在记录本上，不得记在散页纸上，要养成做原始记录的良好习惯。

（4）对实训的内容和安排不合理的地方可提出改进意见。对实训中出现的一切反常现象应进行讨论，并且大胆提出自己的看法，做到生动活泼、主动学习。

（5）在实训过程中，要听从实训老师的指导，严格按照步骤进行。

四、撰写实训报告

合格的实训预习报告加上实训操作步骤、测试数据记录和实训总结就是一份完整的实训报告，许多学生为了减少写作工作量，会希望不写实训预习报告。事实上，实训报告是对实训过程的总结。实训不仅是做出来的，还要有思想在其中。一份完整的实训报告包含的内容与格式如下。

1. 实训基本信息（表1）

表1　实训基本信息表

实训题目：

序号	学号	姓名	贡献排名	成绩
1（组长）				
2（组员）				
3（组员）				
学院：电气工程学院			报告形成日期	
指导老师				

2. 实训时间与任务安排及各组员贡献说明

本小组进行实训的具体时间安排。
本小组各成员的任务安排，可以有交叉重叠。
本小组各成员的预习准备、实验过程中各事项上的贡献说明，可以有交叉重叠。

3. 实训地点

填写在何处完成本实训项目。

4. 实训目的

根据实训指导和实训过程，总结实训目的。

5. 实训所需元件、实验设备与软件（表2）

表 2　实训所需元件、实验设备与软件表

元件、实验设备与软件名称	型号规格	数量

6. 实训内容

总结本实训的内容（200字以内）。

7. 实训报告正文

按实训内容编排实验步骤，并合理安排测量记录数据表格，对测量数据进行整理，适时给出分析与结果。注意原始数据需要经实训老师签字后附在报告后面。若有图纸，将相关图纸附实训报告后面，图纸按要求标注。

8. 实训总结

简单扼要地对实训进行总结（要有说明本次实训结论的语句），并且说明做得好的地方和不好的地方（总结不少于200字）。同时撰写体会与感受（200字以内）。

注意：按组开展的实训项目，分组人数推荐为2人。各实训项目的实训报告模板见指导书后的活页，对应11个实训项目。

五、实训成绩评定

1. 课内实训成绩评定

实训项目分课内实训与课外实训，对课内实训，成绩评定从预习准备、实训操作、实训报告三个方面进行评定：

（1）预习准备——20%，由实训老师评定；

（2）实训操作——40%，由实训老师评定；

（3）实训报告——40%，由实训老师评定。

对课外实训课内检查的项目，成绩评定从实训报告、实训质询两个方面进行评定：

（1）实训报告——80%，由实训老师或任课老师评定；

（2）实训质询——20%，由实训老师或任课老师评定。

实训成绩控制：90 分以上一般控制在 10% 左右，80 分以上一般控制在 40% 左右。

2. 预习报告检查与成绩评定

预习报告按质量评定：优，85～100 分；良，70～84 分；中，50～69 分；差，30～49 分；极差，0～29 分。

3. 实训操作成绩评定

可以根据具体情况抽检，从实训接线、数据记录、实训结果、实训应变方面评定：优，85～100 分；良，70～84 分；中，50～69 分；差，30～49 分；极差，0～29 分。

未抽检到的，实训报告成绩作为实训操作成绩。

4. 实训报告成绩评定

（1）实训报告内容完整性，25 分。

——不完整，15 分以下；

——比较完整，15～21 分；

——完整，22～25 分。

（2）实训报告的分析说明质量，25 分。

——不清楚，15 分以下；

——比较清楚，15～21 分；

——清楚，22～25 分。

（3）实训报告数据整理与表格、图线的规范性，25 分。

——不规范，15 分以下；

——比较规范，15～21 分；

——规范，22～25 分。

（4）总结水平及结论的正确性，25 分。

——不到位，15 分以下；

——比较到位，15～21 分；

——到位，22～25 分。

——完成拓展实训，加 1～10 分。

若有雷同，实训报告成绩均记 0 分。

5. 实训质询成绩评定

（1）实训老师根据在实验室检查情况和实训报告（图纸）的实际情况，抽查质询。

（2）实训质询的数量按 1 次课能够抽查的数量计，成绩评定：优，85～100 分；良，70～84 分；中，50～69 分；差，30～49 分；极差，0～29 分。

未接收质询的，实训报告的成绩作为实训质询成绩。

实训一　基本仪表使用与基础电子元件的检测

一、实 训 目 的

（1）认识并初步掌握试电笔、万用表、钳表、示波器、LCR 电桥测试仪的使用方法；

（2）熟悉常用元件的性能和特征；

（3）掌握常用元件的识别方法；

（4）掌握常用元件的检测方法；

（5）掌握常用元件的质量判定方法；

（6）掌握常用元件的外形特点；

（7）掌握常用元件实物和电路图形符号的关系。

二、实训设备与器材、软件

写实训报告时，要完善下表。

名称	种类、型号规格	数量
市电插座		1 个
数字万用表		1 台
指针万用表		1 台
LCR 电桥测试仪		1 台
钳形表		1 台
示波器		1 台
试电笔		1 支
元件电路板		1 块
铅笔、直尺	自备	1 套

三、认 识 市 电

试电笔是一种电工工具，用来测试电线或插孔是否带电。笔体中有 1 个氖泡，测试时，如果氖泡发光，说明导线有电流通过或为通路的火线。试电笔按测量电压的高低可分为高压试电笔、低压试电笔、弱电试电笔；按接触方式可分为接触式试电笔、感应式试电笔。使用前需要先检查试电笔是否损坏，再检查有无安全电阻、有无受潮或进水，检查合格后才能使用。

以下内容由实训老师演示，如果学生需要练习，必须在实训老师的监督之下进行。

日常生活中常用的试电笔为接触式试电笔（通过接触带电体，获得电信号的检测工具）。通常形状有一字、十字螺丝刀式（兼试电笔和螺丝刀用）。试电笔经实训老师检查合格后，做以下操作：用试电笔测试插座，判断火线与零线，填写表 1。

表 1　判断火线与零线

测试情况描述	是否符合左零右火
	□是　　□否

四、基本仪表使用

1. 万用表与钳表

万用表分为指针万用表与数字万用表两种。使用万用表时要注意选择合适的挡位（如测直流电压、交流电压、直流电流、交流电流、电阻、电容、二极管、三极管、短路测试等）和量程。特别注意，有些万用表具备挡位复用功能，需要按相应的按钮进行切换。

使用万用表时，通常要掌握一个原则：红表笔电流流入仪表，黑表笔电流流出仪表。另外，在使用万用表测电流时，有表笔测量和钳形铁心测量两种方式，分别对应普通仪表和钳形仪表，前者需要断开电路将电流表串入后进行测量，后者则可以实现不断电测量。

万用表使用的详细指南见附录 1（需要提前预习，标注使用时的关键点）。以下内容由实训老师演示，学生自行练习，填写表 2：

（1）观察万用表功能开关，清楚所使用的万用表的测量功能，并且辨识测量时所使用的插孔。

（2）调整万用表的挡位，观察数字示波器液晶屏的显示内容，特别是小字部分。

（3）完成万用表的通断测试和市电电压的测量。

（4）认识钳表，思考钳表如何测量电流。

表 2　练习使用万用表

所用万用表类型是什么？	□指针万用表　　　□数字万用表
所用万用表可以测量哪些量？更换挡位，概括液晶屏显示内容的变化。	
万用表有复用功能吗？	□有　　　　　□没有 若有，切换复用功能的按键是：
说明万用表的通断测试方法，判断万用表是否可以正常使用	
市电交流电电压值（V）——显示的是有效值	
钳表如何测量电流？	

2. 示波器

示波器是一种电子测量仪器。它能把肉眼看不见的电信号转换成看得见的图像，便于人们研究各种电现象的变化过程。示波器可分为模拟示波器、数字示波器两种。借助示波器，我们能观察各种不同信号幅度随时间变化的波形曲线，测试各种不同的电量，如电压、电流、频率、相位差、幅度等。

模拟示波器：狭窄的、由高速电子组成的电子束，发射到涂有荧光物质的屏面上，就可产生细小的光点。在被测信号的作用下，电子束就像一支笔的笔尖，可以在屏面上描绘出被测信号的瞬时值的变化曲线。

数字示波器：内部装有微处理器（MCU），外部装有数字显示器。信号经模数（A/D）变换器送入数据存储器，通过控制面板操作，可对捕获的波形数据进行加、减、乘、除、求平均值、求平方根值、求均方根值等运算，并且显示结果。

示波器使用的详细指南见附录 2（需要提前预习，标注使用时的关键点）。以下内容由实训老师演示，学生自行练习，填写表 3：

（1）开启示波器，将测试探针接在探头补偿测试波形输出端，使用横轴旋钮（水平系统）、纵轴旋钮（垂直系统）调节波形处于屏幕中央。

（2）在（1）的基础上，在操作面板上面按下"AUTO"按钮，观察波形，判断是否需要补偿，若需要补偿，按附录 2 相关内容进行补偿操作。

（3）在（2）的基础上，使用测试功能将波形的峰-峰值、最大值、最小值、频率等显示在屏幕上。

表 3　练习使用示波器

完成操作情况	□顺利完成　　　□需要补偿　　　□仪器不能使用
补偿操作方法	

完成操作之后数据记录（手绘波形，注意标注必要的数据）

峰-峰值/V	最大值/V	最小值/V	频率/Hz

3. LCR电桥测试仪

　　LCR 电桥测试仪是能够精确测量电感、电容、电阻、阻抗的仪器，随着科学技术的发展，目前的电桥测试仪往往装有处理器（MCU）。

　　LCR 电桥测试仪使用的详细指南见附录 3（需要提前预习，标注使用时的关键点）。以下内容由实训老师演示，学生自行练习：开启 LCR 电桥测试仪，观察面板上的按钮或旋钮作用并进行操作，同时观察 LCR 电桥测试仪的液晶屏显示内容。填写表 4。

表 4　练习使用 LCR 电桥测试仪

完成操作情况	□顺利完成　　　　　□仪器不能使用
操作与显示情况描述	

五、元件观察与检测

1. 测量物体电阻

　　任何不带电的物体都可以用万用表直接测量其电阻的大小。以测量万用表表笔的接触电阻为例，在开启万用表电源后，操作步骤为：

　　（1）将量程开关置于欧姆挡量程为 200 Ω 位置；

　　（2）将红、黑表笔短接，待万用表 LCD 显示器显示数据稳定后，记录其读数；

　　（3）如显示数据为 0.3，可记录为 0.3 Ω。

　　同理可测导线、石墨、开关、人体和绝缘体等物体的电阻，请将测量数据填入表 5 中。

表 5　测量物体的电阻

表笔接触	导线	石墨	开关断开	开关闭合	人体	绝缘体
0.3 Ω						

2. 识别色环电阻

色环电阻应用广泛，请对所提供的色环电阻中的 2 个，用学生直尺测量两条引脚的长度、直径和电阻体的直径，并且用直尺手绘平面图形，按色环进行读数，填写表 6。

表 6　测量色环电阻

序号	图形	色环数	有效数字	乘数	偏差	读数	表测量值	标称值	功率
示例		5	100	10^2	±1%	10 kΩ	10.01 kΩ	10 kΩ	1/4 W
1									
2									

3. 测量电阻排

选择所提供的电阻排中任意 1 个，记录电阻排上的标识（标注的文字和符号），用学生直尺测量其外形的主要尺寸，并且手绘外形平面图；然后根据电阻排上标识，确定其引脚号，用万用表分别测量电阻排上两个引脚之间的电阻值；最后确定电阻排的内部结构，并且手工绘制。将测量数据填入表 7 中。

表 7　电阻排测量数据

标识		外形图	
1. 引脚 1 和其他引脚间的电阻值：			
2. 引脚 2 和其他引脚间的电阻值：			
⋮			
分析上述数据可得如下结论：			
1. 电阻排的内部结构：		2. 电阻排的标称值： 3. 电阻排的允许偏差：	

4. 测量电位器

选择所提供的电位器中任意 1 个，记录电位器上的标识（标注的文字和符号），用学生直尺测量其外形的主要尺寸，并且手绘外形平面图；根据电位器上标识，确定其引脚号，用万用表分别测量电位器上两个引脚之间的电阻值，最后确定电位器的内部结构。

将记录和测量数据填入表 8 中。

表 8 电位器测量数据

标识		外形示意图	

用螺丝刀调整电位器旋钮，电位器引脚 1 和 2 电阻值变化范围为：

用螺丝刀调整电位器旋钮，电位器引脚 1 和 3 电阻值变化范围为：

用螺丝刀调整电位器旋钮，电位器引脚 2 和 3 电阻值变化范围为：

分析上述数据可得如下结论：

1. 电位器的固定端： 可调端：
2. 电位器对应的电气图形符号：
3. 电位器的标称值：
4. 电位器的允许偏差：

5. 测量变压器电阻

记录变压器上的标识（标注的文字和符号）。变压器的各个线圈通常也具有一定的电阻，利用万用表的电阻挡测量各引脚间的电阻可以确定变压器的电路结构。当两个引脚之间的电阻为无穷大时，表示上述两引脚不属于同一个线圈；当两引脚之间有一定电阻时，表示上述两引脚属于同一个线圈。将测量结果填入表 9 中。

表 9 变压器测量数据

元件序号	标识	引脚分布图	初级电阻	次级 1 电阻	次级 2 电阻（若无则不填）	电气图形符号
1						
2						

6. 测量电容器

常用万用表都具有测量电容的功能（或用 LCR 电桥测试仪测量），但其测量范围有限。请根据实际情况，测量 2 个电容，记录每个电容的外形图、标识（标注的文字和符号）、介质（思考：如何确定？）、测量数据、电气图形符号等，确定其标称值、允许偏差，并且对其质量进行判断（思考：如何进行？）。最后将记录和测量数据填入表 10 中。测量电容要注意电容放电与正负极极性。

表 10　电容器测量数据

元件序号	外形图	标识	介质	电容值	电气图形符号	好/坏
1（无极性）						
2（有极性）						

7. 测量电感器

利用 LCR 电桥测试仪测量 1 个电感器的主要参数并记录，判断其质量；并且记录电感器的外形图、标识（标注的文字和符号）等。将结果填入表 11 中。

表 11　电感器测量数据

元件序号	外形图	标识	损耗电阻值	电感量	电气图形符号	好/坏
1（工型）						

8. 二极管（含发光二极管）的检测

用万用表的二极管挡测量 2 个二极管的正向和反向电压值；用万用表的电阻挡测量同一个二极管的正向和反向电阻值。记录其外形图、标识（标注的文字和符号），根据测量结果判断其质量。用同样的方法测量其他二极管，将结果填入表 12 中。注意：二极管导通时，正向电阻与通过它的电流相关：电流小，电阻大；电流大，小阻小。

表 12　二极管的测量数据

元件序号	外形图	标识	二极管挡测量（电压值）		电阻挡测量（电阻值）		电气图形符号
			正向值	反向值	正向值	反向值	
1（普通）							
2（发光）							

思考题：发光二极管与普通二极管测量结果有何不同？为何有时无法用电阻挡测量？

9. 双极型晶体三极管的检测

双极型晶体三极管的检测有两种方法。

1）利用二极管挡和hFE挡结合判断PNP管与NPN管的方法

对于 PNP 管，当黑表笔（连表内电池负极）连在基极 B 上，红表笔测量另两个极时，一般为相差不大的较小读数（0.5～0.8 V），如果表笔反过来接则为一个较大的读数（一般为 1 V）。这样就确定了基极 B 的引脚。

对于 NPN 管，当红表笔（连表内电池正极）连在基极 B 上，黑表笔测量另两个极时，一般为相差不大的较小读数（0.5～0.8 V），如表笔反过来接则为一个较大的读数（一般为 1 V）。这样就确定了基极 B 的引脚。

将万用表打到 hFE 挡，将基极 B 的引脚插入表上面的 B 字母孔，其他两引脚分别插在其他两孔中，分别读取两种方式下的读数，读数较大的那次极性就对应表上所标的字母，由此便确定了集电极 C 极和发射极 E 极。

2）利用电阻挡判断PNP管与NPN管的方法

对于功率在 1 W 以下的中小功率管，用 R×1 k 或 R×100 挡测量；对于功率在 1 W 以上的中小功率管，用 R×1 或 R×100 挡测量。

用红表笔接触某一端子，黑表笔分别接触另两个端子，若读数很小，则与红表笔接触的端子是基极 B，同时可知此三极管为 NPN 管。

用黑表笔接触某一端子，红表笔分别接触另两个端子，若读数很小，则与黑表笔接触的端子是基极 B，同时可知此三极管为 PNP 管。

对于 NPN 管，假定其余的两个端子中的一个是集电极 C，将红表笔接触到此端子上，黑表笔接触到假定的发射极 E 上。用手指把假定的集电极 C 和已测出的基极 B 捏起来（但不要相碰，用手指代替偏置电阻），观察并记录万用表的读数。比较两次读数的大小，若前者阻值小（导通电阻小），说明前者的假设是对的，那么接触红表笔的端子就是集电极 C，另一个端子是发射极 E。对于 PNP 管，表笔极性对调后测量即可。

根据上面两种方法之一确定三极管的类型（NPN 管或 PNP 管）和各引脚名称，用万用表的 hFE 挡检测三极管的放大倍数，将结果填入表 13 中。注意利用元件电路板上提供的探针延长线。

表 13　双极型晶体三极管的测量数据

元件序号	外形图	标识	基极 B 引脚号	集电极 C 引脚号	发射极 E 引脚号	类型	电气图形符号	放大倍数
1								
2								

10. MOSFET（场效应管）的检测

实际的场效应管的引脚布局一般相同，手持场效应管，正面（能看清型号）朝向人面，从左往右依次为栅极 G、漏极 D、源极 S，或者我们可以从数据手册上获得场效应管的详细资料。在不能确定的情况下，往往采用如下方式进行检测。

1）栅极G的确定

将场效应管放在绝缘面板上，对三个电极进行手指触碰放电，将指针万用表拨在 R×1k 挡，利用表笔轮流选取两个电极，分别测量其正向、反向电阻值。当某两个电极的正向、反向电阻值中有一向电阻值比较小时，则该两个电极分别是漏极 D 和源极 S，另一个电极为栅极 G。

2）增强型与耗尽型的确定

将场效应管放在绝缘面板上，利用手指触碰的方法将场效应管三个电极进行放电，将指针万用表拨在 R×1k 挡，将红、黑表笔分别交替点触漏极 D 和源极 S，如果电阻值始终保持一致或变化不大时为耗尽型场效应管，反之为增强型场效应管。

3）增强型N沟道与P沟道的确定

将场效应管放在绝缘面板上，利用手指触碰的方法将场效应管三个电极进行放电，将指针万用表拨在 R×1k 挡，将黑表笔点到栅极 G 不动（注意：栅极 G 不能接触任何物体，只能悬空），红表笔依次点触另外两个电极（漏极 D 和源极 S），实现场效应管沟道的建立；然后将红、黑表笔分别接在漏源两个电极上测量正向、反向电阻值，当电阻值大体相等时为 N 沟道场效应管，反之为 P 沟道场效应管。

4）增强型漏极D和源极S的确定

将场效应管放在绝缘面板上，利用手指触碰的方法将场效应管三个电极进行放电，将指针万用表拨在 R×1k 挡。

当检测 N 沟道场效应管时，红、黑表笔分别交替接触漏极 D 和源极 S，指针有明显摆动且稳定指向某一数值，则黑表笔接触的是 N 沟道场效应管的源极 S；

当检测 P 沟道场效应管时，红、黑表笔分别交替接触漏极 D 和源极 S，指针有明显摆动且稳定指向某一数值，则黑表笔接触的是 P 沟道场效应管的漏极 D。

将所配元件测试的数据填入表 14 中。

表 14 MOSFET（场效应管）的测试数据

元件序号	外形图	标识	栅极 G 引脚号	漏极 D 引脚号	源极 S 引脚号	N/P 沟道类型	耗尽/增强类型	电气图形符号	内二极管正向阻值	好/坏
1										

11. 常用芯片标识（标注的文字和符号）与管脚顺序辨识

实训老师提供几种芯片，要求学生任选 2 个进行辨识，填写表 15。绘制元件俯视图，注意小半圆的开口方向，要求标注管脚号，元件功能通过网络查询，并在课外下载相应的电子文档说明书阅读。

表 15 常用芯片标识与管脚顺序辨识

元件序号	外形图	标识	元件功能描述（要求自己总结）	封装描述
1				
2				

12. 整理实验桌面

实训结束后，断开电源，按照实验室规定将实训过程中使用的元件及工具放回指定的位置（实训桌面的整洁情况将会记录在实训总成绩中）。

六、实 训 总 结

简明扼要地对实训进行总结（要有说明本次实训结论的语句），并且说明做得好的地方和不好的地方，分析实训中可能存在的问题（总结不少于 100 字）。同时撰写体会与感受（200 字以内）。

实训二　自制线性直流稳压电源原理图与印制板图的绘制

一、实 训 目 的

（1）掌握自制线性直流稳压电源的工作原理；

（2）熟悉使用 Altium Designer 绘制电路原理图与印制板图的方法，会看电子线路图。

二、实训设备与器材、软件

名称	种类、型号规格	数量
Altium Designer	/	1 个

三、实训内容与步骤

清楚地表述线性直流稳压电源工作原理，将其以结构图＋文字表述的方式填入表 1 中（注意理解"原理性结构图"的意思，不是指"原理图"）。绘制如图 1 所示的自制线性直流稳压电源电路原理图与印制板图，并且标注图纸标题栏。负载滑动变阻器是外接的。在印制板图上将"研制单位与图标"换成自己的学号与姓名。列出元件清单，并且核算成本，将数据填入表 2 中。

表 1　自制线性直流稳压电源工作原理描述

原理性结构图	
原理描述	

表 2　自制线性直流稳压电源元件清单与成本核算

序号	符号	名称	型号	数量	单价/元	合计/元	备注
一、电阻							
1	R_1	电阻	2 kΩ（1/4 W）	1 个			
2	R_2	电阻	5 Ω（10 W）[用 2 个 10 Ω（5 W）并联]	1 个			
3	R_3	电阻	6.2 kΩ（1/4 W）	1 个			
4	R_4	电阻	470 Ω（1/4 W）	1 个			
5	R_5	电阻	25 Ω（15 W）[用 3 个 75 Ω（5 W）并联]	3 个			
6	R_{P1}	电阻	50 Ω（2 A）	1 个			外接负载
7	R_{P2}	电阻	10 kΩ（2 W）	1 个			
8	R_{P3}	电阻	50 Ω（2 A）	1 个			外接负载
二、电容							
9	C_1、C_4	电解电容	1000 μF（25 V）	2 个			
10	C_2、C_5、C_7、C_{10}	独石电容	0.1 μF（50 V）	4 个			
11	C_6	电解电容	1000 μF（63 V）	1 个			
12	C_9	电解电容	1000 μF（50 V）	1 个			
13	C_3、C_8	独石电容	1 μF（50 V）	2 个			
三、集成电路							
14	LM_1	稳压器	LM7805	1 个			带散热
15	LM_2	稳压器	LM317	1 个			带散热
四、其他元件							
16	T_1	变压器	两路 220:10 V 220:24~30 V	1 个			外接，螺丝固定
17	D_1、D_2	发光管		2 个			红或绿
18	BG_1、BG_2	整流桥	2 A（600 V）	2 个			
五、制板							
19	F_1	印制板或面包板	211 mm（长）×87 mm（宽）	1 块			按图 1 绘制
20	F_2	附件	市电插头、0.5 m 两芯线缆、接线端子、跳线等	1 套			
			成本				

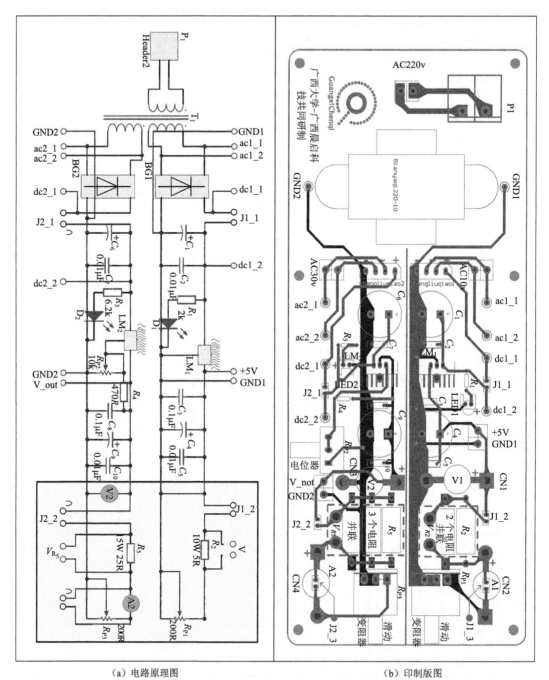

（a）电路原理图　　　　　　　　　　　　　　　　　（b）印制版图

图 1　自制线性直流稳压电源电路原理图与印制板图（旋转后）

（绿：标注层，红：上面铜箔层，蓝：底面铜箔层线宽 39mil；过孔 φ28mil；原理图纸 A4）

　　在自学 Altium Designer 制图软件时，需要耐心了解软件库文件中存在的元件。若软件库文件中找不到使用的元件，则需要自己添加软件库文件绘制元件及其封装，封装要与图符关联。自建软件库文件时应注意以下几点。

（1）测量元件的管脚直径、形状，元件外形的长、宽；

（2）定义的焊盘（pad）钻孔直径比管脚直径大 0.2～0.4 mm，特殊情况可适当增大；焊盘的外径横向、纵向尺寸比钻孔直径大 0.6～0.8 mm；

（3）一般在顶层丝印层绘制元件外形，即显示在 PCB 板上的白色文字；

（4）必须定义参考原点，否则在 PCB 中无法找到该元件或该元件无法移动；

（5）芯片一般要标注引脚编号；

（6）一个软件库文件中可以有多个自定义的元件。

请按图 1 给出电路原理图的大小绘制，注意以下事项。

（1）原理图中，有些电路并不是工作电路部分，只是为测量方便而引入。

（2）原理图中，一般的无源元件的数值与标识均可更改，接插件要根据需要选择。

（3）原理图整体整洁，少使用交叉线。

（4）在原理图画线之前，要将主要元件从左向右摆放在大致适当的位置。

（5）原理图的标注清晰明了。原理图中为了标注某些元件需要带上附件（并不是电路的一部分），如稳压器的散热器，在原理图中可形象标注；电压表与电流表是外接的，在印制板上只需要绘制标识即可；由于变压器是外接，不需要绘制线路与焊盘，只需要绘制固定孔和俯视形状标识。

（6）原理图要体现模块化布局，并且考虑从上到下、从左到右、从输入到输出，复杂的图要具有层次性。

（7）原理图的标题栏没有统一的格式，每个企业可以有各自的规范，本书采用表 3 的格式，要求正确填写。

表 3　原理图标题栏

（工程图纸名称）			（学校、学院、班级）	
设计	无	无	比例	
制图	（填姓名）	（填学号）	年　　月　　日	
审核	（填姓名）	（填学号）	共　张　第　张	
电子文档	（填位置及名称）		自评分	

（8）标题栏填写过程中，要求同学们在"自评分"栏中实事求是地填写自我评定的分数（按百分制填写，图纸分数占本实训总分的 60%）。

按图 1 所示的印制板图的大小绘制。印制板最常见的是双面板，上、下面板依靠过孔接通，上面板可以加入文字层进行必要说明与标注，如企业标识等。在绘制过程中，还需注意以下事项：

1）对电路板和元件的要求

（1）电路板的尺寸。长：宽以 3∶2 或 4∶3 为佳。本实训电路板尺寸为 211 mm×87 mm。

（2）印制板上的元件应按实际使用的元件封装选择，封装均是按元件的实际尺寸定义，包括引脚尺寸和引脚间距离。

（3）高频元件之间的连线越短越好，属于输入或输出电路的元件之间的距离越远越好。

（4）具有高电位差的元件应增大与其他连线之间的距离。一般 200 V/mm 比较合适。

（5）发热元件应该远离热敏元件。

（6）可以调节的元件应该放在比较容易调节的位置，要与整机的面板一致。

（7）太重或发热量大的元件不宜安装在电路板上。

2）按照电路功能布局

（1）如果没有特殊要求，尽可能按照原理图的元件安排对元件布局，信号从左边输入，从右边输出，从上边输入，从下边输出。

（2）按照电路原理图，安排各功能电路单元的位置，使信号流通更加顺畅和保持一致。

（3）以每个功能电路为核心，围绕这个功能电路进行布局，元件安排应该均匀、整齐、紧凑。

（4）数字电路与模拟电路部分的地线分开。

（5）印制板上跳线和测量点应与原理图一致。

3）对布线的要求

（1）线长。铜线线长应该尽可能的短，拐角为圆角或斜角。

（2）线宽。铜线线宽为 40～80 mil[①]。电流小于 1A 时，线宽可以选择 10 mil。本实训铜线线宽可以选择 39 mil。

（3）线间距。相临铜线的线间距应该满足电气安全要求。同时，为了便于生产，线间距越宽越好，最小间距应该能承受所加的电压的峰值。本实训相邻铜线的线间距可以选择 39 mil。

---

① 1 mil=2.54×10^{-3}mm=10^{-4} in

（4）屏蔽与接地。铜线的公共地线应该尽可能地放在电路板的边缘部分。在电路板上应该尽可能多的保留铜箔作为地线，这样可以增强屏蔽能力。地线的形状最好做成环路或网络状。

（5）顶层、底层走线应尽量相互垂直，避免相互平行。

（6）过孔选择合适的尺寸（本实训取 $\varphi=28\,\text{mil}$），尽量减少过孔的数量；芯片引脚通孔按封闭要求选择尺寸。

注意：请将绘制完成的原理图（要有标题栏）与印制板图采用软件内部转存或导出的方式存成图片或 PDF 文件，然后将两图按正反面打印于一张 A4 纸中，附在实训报告之后。

四、实 训 总 结

简明扼要地对实训进行总结（要有说明本次实训结论的语句），并且说明做得好的地方和不好的地方，分析实训中可能存在的问题（总结不少于 50 字）。同时撰写体会与感受（200 字以内）。

实训三　自制线性直流稳压电源电路板的焊接

一、实　训　目　的

（1）进一步熟悉自制线性直流稳压电源的工作原理；

（2）熟练掌握自制线性直流稳压电源常用元件的性能和检测方法；

（3）掌握常用电工工具的使用方法，尤其是电烙铁的使用方法。

二、实训设备与器材、软件

名称	种类、型号规格	数量
电烙铁		1 个
焊锡		1 个
数字万用表		1 个
剪线钳		1 个
元件清单及印制板	见表 1	1 套

三、实训内容与步骤

1. 印制板验证与元件清查、检测和摆放

自制线性直流稳压电源的电路原理图和印制板图如实训二图 1 所示。

（1）自制线性直流稳压电源的元件清单如表 1 所示。检查所发元件和清单是否一致，如不一致，应及时向实训老师说明。

（2）检测各元件，将检测结果（如类型、数值、外观等）填入表 1 中。使用万用表

的通断挡，抽样测量电路板的线路连接，检查其和原理图所述是否一致，根据检测结果，
填写表 1 中第 19 行；

（3）根据实训二图 1 的电路原理图在已有电路板上布置元件，注意各元件的型号一
定要与原理图匹配，并填写在表 1 的最后一列中，由实训老师检查确认且签名后才可进
行下面实训步骤。

表 1　自制线性直流稳压电源元件清单及检测、摆放自查与纠正

教师签名：

序号	符号	名称	型号	数量	检测结果描述	自查与纠正情况（正确或纠正过）
1	R_1	电阻	2 kΩ（1/4 W）	1 个		
2	R_2	电阻	5 Ω（10 W）[用 2 个 10 Ω（5 W）并联]	1 个		
3	R_3	电阻	6.2 kΩ（1/4 W）	1 个		
4	R_4	电阻	470 Ω（1/4 W）	1 个		
5	R_5	电阻	25 Ω（15 W）[用 3 个 75 Ω（5 W）并联]	1 个		
6	R_{P1}	电阻	50 Ω（2 A）	1 个	外接，本实训不需要，不填	
7	R_{P2}	电阻	10 kΩ（2 W）	1 个		
8	R_{P3}	电阻	50 Ω（2 A）	1 个	外接，本实训不需要，不填	
9	C_1、C_4	电解电容	1000 μF（25 V）	2 个		
10	C_2、C_5、C_7、C_{10}	独石电容	0.1 μF（50 V）	4 个		
11	C_6	电解电容	1000 μF（63 V）	1 个		
12	C_9	电解电容	1000 μF（50 V）	1 个		
13	C_3、C_8	独石电容	1 μF（50 V）	2 个		
14	LM_1	稳压器	LM7805	1 个		注意与导热片和散热器一起安装。
15	LM_2	稳压器	LM317	1 个		注意与导热片和散热器一起安装。
16	T_1	变压器	两路 220:10 V 220:24～30 V	1 个		以后实训提供，本实训不提供。变压器的原边和副边接线是否已明确？
17	D_1、D_2	发光管		2 个		
18	BG_1、BG_2	整流桥	2 A（600 V）	2 个		注意回答：它的内部由什么基本元件构成？
19	F_1	印制板或面包板	211 mm（长）×87 mm（宽）	1 块		（一致或不一致）
20	F_2	附件	市电插头、0.5 m 两芯线缆、接线端子、跳线等	1 套		是否了解各接线端子如何接线？

2. 焊接实训操作步骤

　　图 1 展示了焊接后的电路板图，图中装配了变压器，但本实训不装配。

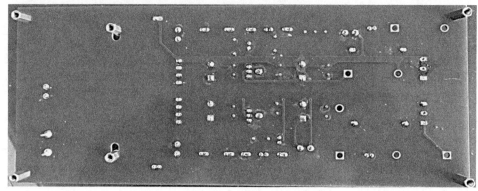

图 1　自制线性直流稳压电源印制板

　　实训老师示范电烙铁的正确使用方法，并且请同学查阅本书附录 5。学生在焊接时参考图 2 加热方式，争取使焊点达到图 3 中（a）、（b）所示的效果。

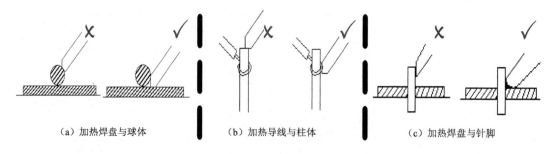

　　（a）加热焊盘与球体　　　　　　（b）加热导线与柱体　　　　　　（c）加热焊盘与针脚

图 2　不同焊点的加热方式

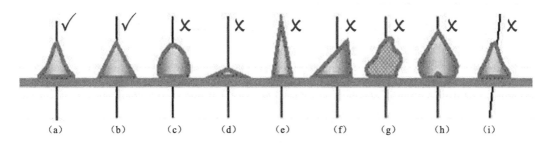

图 3 不同形状的焊点与焊接的质量相关

焊接的注意事项如下：

（1）除去焊头氧化层，用焊剂上锡处理，使得焊头的前端覆盖一层薄锡，以防氧化，减少能耗。

（2）使用电烙铁前，应检查电源线是否良好，有无被烫伤。电源线不可搭载电烙铁头上。

（3）使用电烙铁时，温度太低无法融化焊锡，温度太高会使电烙铁"烧死"，将温度设置为 330～370℃。

（4）不焊接时，电烙铁放在烙铁架上。长期不使用电烙铁时，及时切断电源，待其冷却放入工具箱。

（5）焊接电子类元件（特别是集成块）时，采用防漏电等安全措施。

（6）当焊头因氧化而不"吃锡"时，不可硬烧。

（7）当焊头上锡较多不便焊接时，不可甩锡或敲击。

（8）焊接较小元件时，时间不宜过长，以免因高温损坏元件或使元件绝缘。

要求学生按元件的高度从低到高逐一完成元件的焊接。操作步骤如下：

（1）安装电阻。

（2）安装发光二极管（注意极性——一般长引脚为正）。

（3）安装独石电容。

（4）安装跳线插件。

（5）安装整流桥。

（6）安装电位器。

（7）安装电解电容（注意极性和引脚——长引脚为正，柱体侧面也标注了负极）：电解电容一定不能放错位置，也不能弄错极性，否则会导致电解电容爆炸。

（8）安装稳压器。注意两个稳压器的输入端、输出端、共公端和调节端对应的引脚号不同，同时注意不能放错位置，否则元件会发生冒烟或爆炸现象，非常危险。

（9）安装接线端子。

（10）检查各焊点是否焊好，元件是否正确安装。

最后交实训老师检查，并且用手机拍照（包括正面、反面），填写表 2。

表2　焊接好的自制电源图片

焊接好的自制电源图片	

3. 总结电路板的特点与焊接方法

总结电路板的特点及焊接方法，填在表3中。

表3　电路板特点与焊接方法总结

总结电路板特点（按点列出）	焊接方法（按点列出）

4. 整理实验桌面

实训结束后，断开电源，按照实验室规定将实训过程中用到的元件及工具放回指定的位置（实训桌面的整洁情况将会记录在实训总成绩中）。

四、实 训 总 结

简明扼要地对实训进行总结（要有说明本次实训结论的语句），并且说明做得好的地方和不好的地方，分析实训中可能存在的问题（总结不少于50字）。同时撰写体会与感受（200字以内）。

实训四　自制线性直流稳压电源调试及性能测试

一、实 训 目 的

（1）掌握固定直流电压和可调直流电压输出的两种电路形式和工作原理；

（2）掌握评价线性直流稳压电源性能的几个主要技术指标：额定电压、额定电流、效率、功率因数、额定输入电流、负载效应、源效应、纹波、输出电阻；

（3）熟练掌握线性直流稳压电源常用电子元件的性能和检测方法；

（4）熟练掌握万用表测量交流、直流电压的方法；

（5）掌握示波器的基本使用方法；

（6）学会线性直流稳压电源的基本调试方法。

二、实训设备与器材、软件

名称	种类、型号规格	数量
调压器（可以不提供，直接提供 AC220V 电源）		1 个
示波器		1 个
滑动变阻器		1 个
万用表（可以测电压、电流）		2 个
十字螺丝刀		1 个
一字螺丝刀		1 个
剪线钳		1 个
焊接好的线性直流稳压电源的电路板	双面，211 mm（长）×87 mm（宽）	1 块

三、线性直流稳压电源的电路原理图

自制线性直流稳压电源的电路原理图如实训二图 1（a）所示，其元件清单如实训二表 2 所示。

四、实训操作步骤

1. 装配变压器与调试前准备

（1）将变压器用十字螺丝刀按要求装配在电路板中，注意检查变压器的抽头是否完好，识别原边与副边。原边进线只有一对线；副边出线有两对线，其中蓝色一组为 10 V 输出，黄色一组为 30 V 输出。

（2）在下面的带载实训中外接滑动变阻器。实训中只提供了一只滑动变阻器（R_{P1}/R_{P3}）。两路电源依次使用。

（3）注意区分测量点与跳线。测量点虽然也使用两根引针，但它们是相连的（可以观察电路板反面）；跳线则是断开的，只是在调试测试时根据需要加上短接冒。

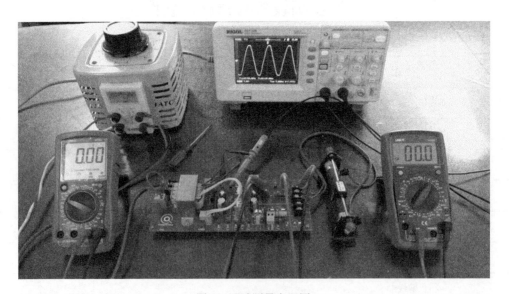

图 2　调试测量布局图

（4）将调压器（可以没有）、装配完成后的印制板、示波器（电路板上的两路电源不共地，所以只用一个通道测量，不要两个通道一起用）、电压表（一只万用表调在适当的电压挡，放左边）、电流表（另一只万用表调在适当的电流挡或采用电压表间接测电流，放右边）、滑线变阻器（负载）按图 2 的位置摆放，先不接线，在后面的实训中按要求接线，按线的方式见图 1。

（5）通过回顾理论课程内容，清楚如何获取线性直流稳压电源的最大电流和最大功率？一般又如何取得近似值？

完成以上工作，填写表 1 和表 2。

表 1　关于变压器与万用表的问题与作答

问题	作答
1. 输入电压是 AC220V，输出电压是 AC10V，那一路的变比是多少？	
2. 输入电压是 AC220V，输出电压是 AC30V，那一路的变比是多少？	
3. 若变压器原边输入电压是 DC220V，输出电压是多少？	
4. 左侧的万用表调到电压挡了吗（在后面实训中要进一步选择直流或交流）？	

表 2　关于测量的问题与作答

1. 在印制板中的跳线有哪些？它们的作用分别是什么？

2. 在印制板中的测量点有哪些？它们的作用分别是什么？

3. 测量负载电流采用的方式：□测 R_2 或 R_5 两端电压计算□直接串入电流表测量

确认相应的挡位选择好的吗？□已正确选择与测电流方式对应的挡位

4. 如何得到或获取线性直流稳压电源的最大电流和最大功率？一般又如何取得近似值？

2. 线性直流稳压电源性能的初步检查

线性直流稳压电源装配完成后，需要对其性能进行初步检查。操作步骤如下：

（1）连接线路，等待实训老师检查且签字后才可以继续实验；

（2）直流稳压电源接入电源线；

（3）平坐在位置上，不要俯视电路板，将跳线帽短接 J1_1 端口和 J2_1 端口，接通电源，此时 5 V 和 V_out 电源指示灯应点亮（思考题：电源指示灯（发光二极管）放在 LM7805 前、后，以及变压器输出端有什么不同？）；

（4）用万用表直流 20 V 挡测量+5 V 与 GND1 两端的电压，记录读数，测量值应为4.75～5.25 V；

（5）用万用表直流 200 V 挡测量 V_out 与 GND2 两端的电压，调整电位器 R_{P2}，记录输出最小电压值和最大稳定电压值，并且和理论计算输出电压值 $U_{out} = 1.25\left(1 + \dfrac{R_{P2}}{R_4}\right) + (50 \times 10^{-6} \times R_{P2})$ 比较，验证其合理性；

（6）调整电位器 R_{P2}，使 V_out 与 GND2 两端输出直流电压稳定在 24 V，供后续调试使用。

初步检查的结果填入表 3 中。

表 3　自制线性直流稳压电源初步检查数据与结果

教师签名：

5 V 直流电源部分			
（1）5 V 电源指示灯是否点亮？点亮与否说明什么？			
（2）电源指示灯（发光二极管）放在 LM7805 前、后，以及变压器输出端有什么不同？			
（3）+5 V 与 GND1 两端的电压测量值			
可变直流电源部分（按原理图 R_4=470 Ω，假设 R_{P2}=0～10 kΩ）			
（4）V_out 与 GND2 两端的电压最小值	测量	计算	
（5）V_out 与 GND2 两端的电压最大值	测量	计算	
（6）V_out 与 GND2 两端的电压是否调到 24 V？			

3. 自制线性直流稳压电源各点电压的测量（不带负载）

测量自制线性直流稳压电源各点电压的主要目的是让同学们意识到各点电压的种类和作用，操作步骤如下：

（1）将万用表功能旋转切换到直流 20 V 挡，黑表笔和 GND1 端相连；

（2）将跳线帽短接 J1_1、J2_1 端口；

（3）接通自制线性直流稳压电源的输入电源（AC220V）——该电源可由调压器供给；

（4）将红表笔分别和+5 V 与 V_out 点触，测量各点电压且记录数据；

（5）断开电源；

（6）将万用表功能旋钮切换到直流 200 V 挡，黑表笔和 GND2 端相连；

（7）接通电源；

（8）将红表笔分别和+5V 与 V_out 点触，测量各点电压且记录数据；

（9）断开电源；

（10）将万用表功能旋钮切换到交流 750 V 挡；

（11）接通电源；

（12）将万用表的红、黑表笔分别接入 P1 两端（变压器原边），+5 V 与 GND1，以及 V_out 与 GND2 测量电压；

（13）按照量程选择交流 20 V；

（14）将万用表的红、黑表笔分别接入 ac1_1 与 ac1_2，测量电压且记录数据；

（15）按照量程选择交流 200 V；

（16）将万用表的红、黑表笔分别接入 ac2_1 与 ac2_2，测量电压且记录数据；

（17）将万用表的红、黑表笔分别接入 ac1_1 与 ac2_1，测量电压且记录数据；

（18）整理测量数据，并且说明其合理性。

各测量点电压的测量数据与结果填入表 4 中。

表 4　自制线性直流稳压电源各点电压的测量数据与结果

直流挡测量			结果说明
直流 20 V 挡	+5 V—GND1	V_out—GND1	
直流 200 V 挡	+5 V—GND2	V_out—GND2	

交流挡测量				结果说明
交流挡	P1 两端（变压器原边）	+5 V—GND1	V_out—GND2	
交流挡	ac1_1—ac1_2	ac2_1—ac2_2	ac1_1—ac2_1	

4. 自制线性直流稳压电源各点电压波形的测量（不带负载）

测量自制线性直流稳压电源个点电压波形的操作步骤如下：

（1）接通示波器电源，检查示波器工作是否正常。

（2）接通自制线性直流稳压电源的输入电源（AC220V）——该电源可由调压器供给。

（3）将 J1_1、J2_1 接通，将 CH1 和 CH2 的信号耦合方式设置为 DC 耦合，分别用单踪示波 CH1（或 CH2）测量 ac1_1—ac1_2 和 ac2_1—ac2_2，将显示的波形调整到合适位置，观察且记录波形，注意标注基本数据（如周期、幅值等）。

（4）将 J1_1、J2_1 接通，将 CH1 和 CH2 的信号耦合方式设置为交流 AC 耦合，分别用单踪示波 CH1（或 CH2）测量 ac1_1—ac1_2 和 ac2_1—ac2_2，将显示的波形调整到合适位置，观察且记录波形，注意标注基本数据（如周期、幅值等）。

（5）将 J1_1、J2_1 断开，将 CH1 和 CH2 的信号耦合方式设置为 DC 耦合，分别用单踪示波 CH1（或 CH2）测量 dc1_1—GND1 和 dc2_1—GND2，调整显示波形且记录，注意标注基本数据。将 J1_1、J2_1 接通，将 CH1 和 CH2 的信号耦合方式设置为 DC 耦合，分别用单踪示波 CH1（或 CH2）分别测量 dc1_1—GND1（与 dc1_2—GND1 相同）和 dc2_1—GND2（与 dc2_2—GND2 相同），调整显示波形且记录，注意标注基本数据（如周期、幅值等）。

（6）将 J1_1、J2_1 断开，将 CH1 和 CH2 的信号耦合方式设置为 AC 耦合，分别用单踪示波 CH1（或 CH2）测量 dc1_1—GND1 和 dc2_1—GND2，调整显示波形且记录，注意标注基本数据（如周期、幅值等）。

（7）将 J1_1、J2_1 接通，将 CH1 和 CH2 的信号耦合方式设置为 AC 耦合，分别用单踪示波 CH1（或 CH2）测量 dc1_1—GND1（与 dc1_2—GND1 相同）和 dc2_1—GND2（与 dc2_2—GND2 相同），调整显示波形且记录，注意标注基本数据（如周期、幅值等）。

（8）将 J1_1、J2_1 接通，将 CH1 和 CH2 的信号耦合方式设置为 DC 耦合，分别用单踪示波 CH1（或 CH2）测量+5V—GND1 和 V_out—GND1，调整显示波形且记录，注意标注基本数据（如周期、幅值等）。

将测量数据与结果记录在表 5 中。

表 5 自制线性直流稳压电源各点电压波形的测量与结果（注意标注基本数据）

	ac1_1—ac1_2 波形	ac2_1—ac2_2 波形	说明什么？
DC 耦合			
AC 耦合			

续表

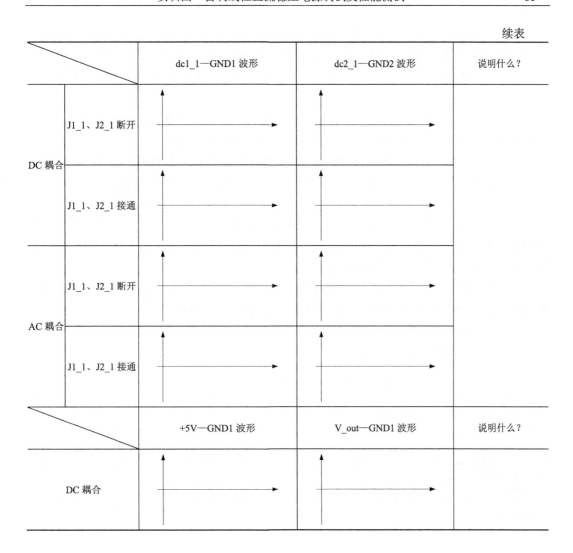

		dc1_1—GND1 波形	dc2_1—GND2 波形	说明什么?
DC 耦合	J1_1、J2_1 断开			
	J1_1、J2_1 接通			
AC 耦合	J1_1、J2_1 断开			
	J1_1、J2_1 接通			
		+5V—GND1 波形	V_out—GND1 波形	说明什么?
DC 耦合				

5. 自制线性直流稳压电源输出特性的测试（带负载）

被测电源输出特性测试电路如实训二图 1（a）的方框部分所示，其中 A1 和 A2 为直流电流表，V1 和 V2 为直流电压表，R_2=5 Ω 和 R_5=25 Ω 为限流电阻，R_{P1} 和 R_{P3} 为可调电阻，用于给被测电源加载。测试操作步骤如下：

（1）接通调压器电源，用万用表交流 750 V 挡测量被测稳压电源 P1 两端电压，扭动调压器手柄，使万用表读数稳定在交流 220 V。

（2）插入短接跳线 J1_1 和 J2_1 的短接帽。

（3）用万用表直流电压挡分别测量+5V—GND1 两端开路电压 U_{10}，调节 R_{P2} 测量 V_out—GND2，使得 U_{20}=24 V。

（4）分别计算 U_{1min}=0.95U_{10} 和 U_{2min}=0.8U_{20} 的值。

将电位器 R_{P1} 调整到最大阻值状态，插入短接跳线 J1_2，通过电流表 A1 串入负载电路（或者通过测 R_2 两端电压 V_{R_2} 的方式间接得到电流），按步骤（5）测量（以下每次测量速度要尽可能的快，R_{P1} 调整到某一个要求的阻值状态时，读数后立即回复到最大阻值状态，以免元件发烫，发生危险）。

（5）调整电位器 R_{P1}，使 V1 表测量值分别为 0.99 U_{10}、0.98 U_{10}、0.97 U_{10}、0.96 U_{10} 和 0.95 U_{10}，待 V1 表显示数据稳定后，分别记录 A1 表的测量值。

（6）根据记录的数据画出单 5V 稳压电源输出的外特性（思考题：被测稳压电源单 5V 输出的最大（额定）电流是多少？其最大（额定）输出功率为多少？）。

将电位器 R_{P3} 调整到最大阻值状态，插入短接跳线 J2_2，通过电流表 A2 串入负载电路（或者通过测 R_5 两端电压 V_{R_5} 的方式间接得到电流），按步骤（7）测量（以下每次测量速度要尽可能的快，R_{P3} 调整到某一个要求的阻值状态时，读数后立即回复到最大阻值状态，以免元件发烫，发生危险）。

（7）调整电位器 R_{P3}，使 V2 表测量值分别为 0.99 U_{20}、0.95 U_{20}、0.90 U_{20}、0.85 U_{20} 和 0.8 U_{20}，待 V2 表显示数据稳定后，分别记录 A2 表的测量值。

（8）根据记录数据画出被测稳压电源单 24 V 稳压输出的外特性。

将上述测试数据与结果记录在表 6 中。

表 6　自制线性直流稳压电源输出特性的测试

	AC220V	+5V—U_{10}	U_{1min}	V_out—U_{20}	U_{2min}
测量准备工作					
串入 A1，调整 R_{P1}	0.99 U_{10}	0.98 U_{10}	0.97 U_{10}	0.96 U_{10}	0.95 U_{10}
对应电流值					
绘制电压—电流图					

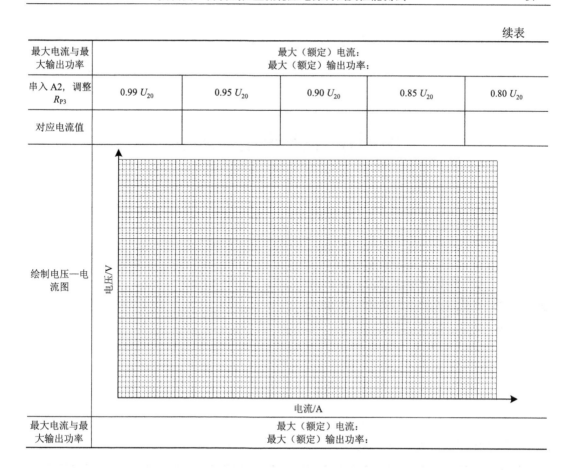

续表

最大电流与最大输出功率	最大（额定）电流： 最大（额定）输出功率：				
串入 A2，调整 R_{P3}	$0.99\,U_{20}$	$0.95\,U_{20}$	$0.90\,U_{20}$	$0.85\,U_{20}$	$0.80\,U_{20}$
对应电流值					
最大电流与最大输出功率	最大（额定）电流： 最大（额定）输出功率：				

6. 整理实验桌面

实训结束后，断开电源，按照实验室规定将实训过程中所用到的元件及工具放回指定的位置（实训桌面的整洁情况将会记录在实训总成绩中）。

五、实 训 总 结

简明扼要地对实训进行总结（要有说明本次实训结论的语句），并且说明做得好的地方和不好的地方，分析实训中可能存在的问题（总结不少于100字）。同时撰写体会与感受（200字以内）。

实训五 低压配电与应用

一、实 训 目 的

（1）掌握低压配电方法及标准；

（2）掌握双控灯电路的布线方法；

（3）初步了解三相电动机的正、反转接线方法。

二、实训设备与器材、软件

写实训报告时，要完善下表。

名称	种类、型号规格	数量
调压器（可选）		1 个
三相四线制（3P+N）断路器		1 个
单相 1P 断路器		1 个
2P 保险管导轨插座		1 个
数字万用表		2 个
白炽灯泡		1 个
单刀双掷开关		2 个
滑线变阻器		1 个
导轨	/	若干
电力导线	/	若干
铅笔直尺	自备	1 套
配电连接线	/	1 根

三、实训内容与步骤

实训前的准备：确认配电连接线各种颜色所代表电源线的性质，以及其与实验室提供的单相和三相插座电源线性质是否一致，配电连接线见附录 7 图 2 所示（实训老师需特别注意）。

本实训使用的电压已超出安全电压范围，请两人配合，谨慎操作，避免发生危险！

1. 低压配电

图 1 是低压配电原理图与低压电器/插座。在低压三相配电时，三相电经变压器之后，需要经过三相断路器才能接到负载端。在三相四线制配电时，带有漏电保护的断路器中，必须将中线 N 穿过零序电流互感器（其漏电保护原理图如图 2 所示），而 PE 线不经过开关或断路器，但为了更方便地实训操作，PE 也通过一个开关接入。注意：三相四线制配电与三相四线制插座配线不同。

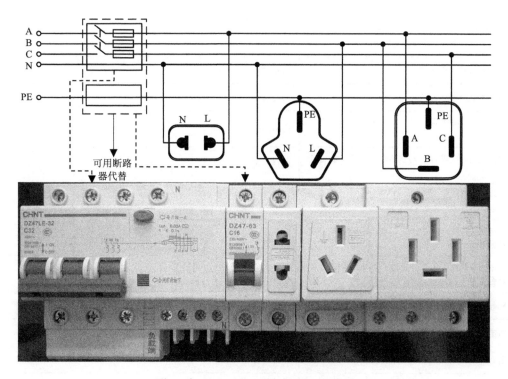

图 1 低压配电原理图与低压电器/插座

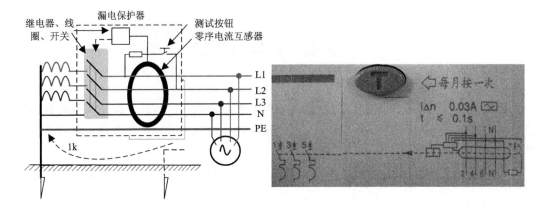

图 2　漏电保护原理图

根据国家标准，A（L1）相线、B（L2）相线、C（L3）相线、N 线、PE 线的颜色分别采用黄、绿、红、蓝、黄绿相间颜色，按图 1 在配电与电气控制系统实训板上接线，用数字万用表对其进行断电检测（用断路测试"蜂鸣器"挡位）与通电检测（采用合适的 AC 电压挡），将检测情况如实地填写在表 1 中。

表 1　低压配电检测记录表

检测项目名称	检测结果	检测结果否的情况下，说明具体原因
断电情况下断开断路器测量用电侧		
所有的 N 线是否连通	□是 □否	
所有的 PE 线是否连通	□是 □否	
单相两线制插座的 L 与三相四线制插座 A 是否连通	□是 □否	
单相三线制插座的 L 与三相四线制插座 B 是否连通	□是 □否	
三相四线制插座 A 相、B 相、C 相互相之间是否不通	□是 □否	
三相四线制插座 A 相、B 相、C 相均与 N 之间是否不通	□是 □否	
三相四线制插座 A 相、B 相、C 相均与 PE 之间是否不通	□是 □否	
N 与 PE 之间是否不通	□是 □否	
断电情况下闭合断路器测量用电侧与电网侧		
所有的 N 线与接线柱 N 是否连通	□是 □否	
所有的 PE 线与接线柱 PE 是否连通	□是 □否	

续表

检测项目名称	检测结果	检测结果否的情况下，说明具体原因
接线柱 A 与单相两线制插座的 L 及三相四线制插座 A 相是否连通	□是□否	
接线柱 B 与单相三线制插座的 L 及三相四线制插座 B 相是否连通	□是□否	
接线柱 A 相、B 相、C 相互相之间是否不通	□是□否	
接线柱 A 相、B 相、C 相均与 N 之间是否不通	□是□否	
接线柱 A 相、B 相、C 相均与 PE 之间是否不通	□是□否	
接线柱 N 与接线柱 PE 之间是否不通	□是□否	

教师签名：

通电情况下合上断路器测量用电侧插座

测量两孔插座	N 与 L 的电压有效值： 不正常的原因：	是否正常：□正常□不正常 不正常需要更正！
测量三孔插座	N 与 L 的电压有效值： 不正常的原因：	是否正常：□正常□不正常 不正常需要更正！
	PE 与 L 的电压有效值： 不正常的原因：	是否正常：□正常□不正常 不正常需要更正！
	PE 与 N 的电压有效值： 不正常的原因：	是否正常：□正常□不正常 不正常需要更正！
测量四孔插座	N 与 L1 的电压有效值： N 与 L2 的电压有效值： N 与 L3 的电压有效值：	是否正常：□正常□不正常 不正常的原因： 不正常需要更正！
	PE 与 L1 的电压有效值： PE 与 L2 的电压有效值： PE 与 L3 的电压有效值：	是否正常：□正常□不正常 不正常的原因： 不正常需要更正！
	PE 与 N 的电压有效值： 不正常的原因：	是否正常：□正常□不正常 不正常需要更正！

通电情况下合上断路器测量试验漏电测试按钮

按漏电测试按钮 T	□开关跳开□开关不跳说明漏电保护功能是否正常：□正常□不正常 若不正常，需要查明原因并更换！

2. 楼梯双控开关灯

图 3 所示是楼梯双控开关灯，采用 220 V 供电，结合上述配电方式，按照图 4 进行

供电接线。双控开关的实物图与标识如图 5 所示，在实际接线时注意区分进线和出线。

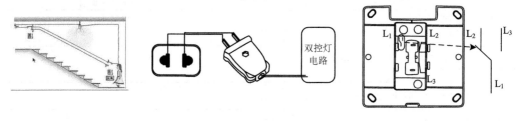

图 3　楼梯双控开关灯　　　图 4　双控开关灯供电接线示意图　　　图 5　双控开关实物图与标识

手绘原理图，并且依据原理图加入滑线变阻器构建一个可调光的双控灯实验电路，实现双控功能，然后利用万用表测量线路中的参数。使用非钳形表测电流时，要将挡位指向交流电流合适的挡位，并且串联在电路中；使用钳形表测电流时，将电力线卡进钳形环中即可测量；使用万用表测电压时，要将电压表挡位指向交流电压合适的挡位，否则容易损坏万用表。在不断调节滑线变阻器过程中记录灯两端的电压和流过灯的电流，绘制电压—电流变化曲线，注意要测 8 组数据。

根据实训内容，实训步骤如下：

（1）手绘原理图，并且依据原理图加入滑线变阻器构建一个可调光的双控灯实验电路；

（2）按原理图进行接线，并且检查电路正确性，测量冷态灯泡阻值；

（3）通电（可以通过调压器将电压调至 220 V），验证是否实现双控功能和调光功能，按表 2 记录数据；

（4）手绘修改后的原理图，将交流电压表并联在灯的两端，交流电流表串联在灯泡前，并进行实际手操修改原电路；

（5）按表 3 记录数据，绘制电压—电流变化曲线，并分析数据；

（6）实验结束，断开三相四线制断路器。

注意：实训人员在接线完成之后，需由实训老师检查且签字后才能进行上电操作，没有特殊要求时，PE 线上的空气开关必须处在闭合状态。

表 2　双控功能和调光功能测试记录

教师签名：

手绘可调光双控灯实验电路	功能测试
	（1）线路接线正确否： （2）出现的问题是： （3）问题解决方式： （4）双控功能实现否： （5）可调光功能实现否：

表3 双控调光灯电压—电流变化数据与曲线

手绘待测量的可调光双控灯实验电路			
序号	电压/V	电流/A	手绘电压—电流曲线（冷态灯泡阻值：　　　）
1			
2			
3			
4			
5			
6			
7			
8			
数据分析（如为何不是直线等）			

纵轴：电压/V　横轴：电流/V

3. 电动机运行

在断电的情况下，根据图6进行三相电动机的供电接线（提示：实训人员在接线完成之后，需由实训老师检查且签字后才能进行上电操作，没有特殊要求时，PE线上的空气开关必须处在闭合状态），闭合三相断路器观察电动机的运行状态，填写表4。在实训结束时，断开断路器，拔下插头。

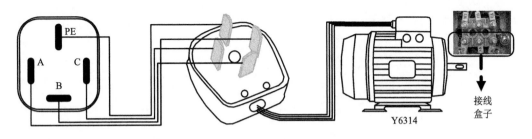

图6 三相电动机供电接线示意图

表4 电动机运行操作记录

		教师签名：
正面对输入轴芯看电机的转向	□正转（顺时针）□反转（逆时针）	说明原因：

4. 整理实验桌面

实训结束后，断开电源，按照实验室规定将实训过程中所用到的元件及工具放回指定的位置（实训桌面的整洁情况将会记录在实训总成绩中）。

四、实 训 总 结

简明扼要地对实训进行总结（要有说明本次实训结论的语句），并且说明做得好的地方和不好的地方，分析实训中可能存在的问题（总结不少于 100 字）。同时撰写体会与感受（200 字以内）。

实训六　电动机系统电路原理图与电气接线图绘制

一、实训目的

（1）熟悉各种电气图形符号；

（2）掌握用 Autocad 绘制电动机系统原理电路与接线图的方法；

（3）会看电动机系统原理电路、电气接线图，并且理解两者的关系。

二、实训设备与器材、软件

名称	种类、型号规格	数量
Autocad	/	1 个

三、实训内容与步骤

认真阅读教材，掌握电动机起动、停止电路的工作过程，理解对应的电气接线图，在 Autocad 中绘制如图 1 和图 2 所示的电动机起动、停止电路图和电气接线图；列出元件清单，并且核算制作此电动机起动、停止系统的成本（假设额定功率为 15 kW，额定电压为 380 V，额定电流为 11A，起动电流是额定电流的 6.5 倍，选择合适的低压电器及线缆），将数据填入表 1 中。

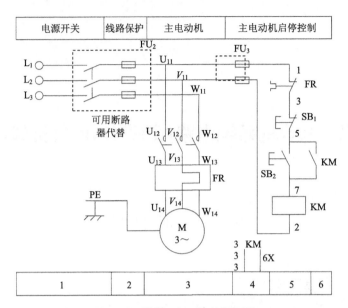

图 1　电动机起动、停止电路图

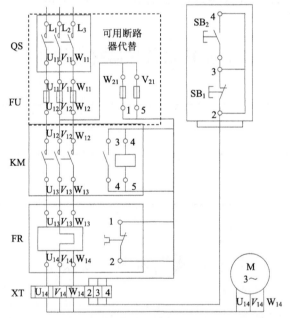

图 2　电气接线图

表 1　电动机起动、停止系统元件清单与成本核算

序号	符号	名称	型号	数量	单价/元	合计/元	备注
1							
...							
成本							

在自学 Autocad 制图软件时，要注意各种基本命令与使用技巧，绘制电气图时要遵循绘制电气原理图与电气接线图的原则。利用图纸模板，在制图过程中，需要注意：

（1）先从图中找出元件和反复使用的图元，绘制这些元件和图元；

（2）将各元件和图元按图组合；

（3）对图进行标注；

（4）注意合理使用线宽；

（5）在电气原理图中合理地布局元件；

（6）在电气接线图中合理地引入接线端子和操作台；

（7）标题栏没有统一的格式，每个企业可以有各自的规范，本书采用下表的格式，要求正确填写；

（8）标题栏填写过程中，要求同学们在"自评分"栏中实事求是地填写自我评定的分数（按百分制填写，图纸分数占本实训总分的 60%）。

	（工程图纸名称）		（学校、学院、班级）		
设计	（填姓名）	（填学号）	比例		
制图	（填同组人姓名）	（填同组人学号）		年　　月　　日	
审核	（填同组人姓名）	（填同组人学号）	共　　张　　第　　张		
电子文档	（填位置及名称）		自评分		

四、实 训 总 结

简明扼要地对实训进行总结（要有说明本次实训结论的语句），并且说明做得好的地方和不好的地方，分析实训中可能存在的问题（总结不少于 50 字）。同时撰写体会与感受（200 字以内）。

实训七 低压电器检测和电动机点动与连续运行

一、实 训 目 的

（1）掌握常用交流接触器、断路器、热继电器、控制按钮等低压电器的识别、检测和质量判定方法；

（2）掌握使用万用表测量低压电器的方法；

（3）学会安装控制按钮和交流接触器的电动机单向运转电路，能正确布线，能排除简易故障；

（4）熟悉交流接触器、热继电器、控制按钮等电器元件的使用方法，理解它们在控制电路中的作用；

（5）掌握三相异步电动机起动、停止的工作原理和接线方法；

（6）掌握"自锁"的设计方法和作用。

二、实训设备与器材、软件

名称	型号规格	数量
数字万用表		1个
交流接触器		1个
断路器（三路）		1个
断路器（单路）		2个
热继电器		1个
控制按钮		2个
笼型三相异步电动机		1个

名称	型号规格	数量
十字螺丝刀	/	1个
一字螺丝刀	/	1个
接线端子排	/	1个
导线	/	若干
线槽	/	若干
配电与电气控制系统实训板	/	1块
铅笔直尺	自备	1套
配电连接线	/	1根

三、实训内容与步骤

1. 对交流接触器断电与通电空载测试

交流接触器的断电与通电空载测试的操作步骤如下：

（1）记录交流接触器标注的型号和铭牌参数。

（2）手绘交流接触器的俯视图，并且按交流接触器上标注的符号进行标识。

（3）根据交流接触器上的标识符号，直观判断确定主触头、动合触头和吸引线圈，并且画出其电路符号。

断电测试是不通电时，使用万用表对交流接触器进行静态测试。

（4）不给交流接触器线圈通电。

（5）将触点用螺丝刀按下，用万用表的通断挡和电阻挡对交流接触器进行测试，验证直观判断的正确性。如不正确，经确认后进行修收。

通电空载测试是通电情况下不加负载时，使用万用表对交流接触器进行测试。

（6）用导线将交流接触器吸引线圈连接到与其额定电压相同的电源上（思考：如果交流接触器上吸引线圈的额定电压由于某种原因看不清楚，应该如何测试？）。

（7）接好连接线，经实训老师检查并签字之后，合上电源，交流接触器吸合。

（8）用万用表的欧姆挡测量主触头、动合触头和动断触头的通断情况。

（9）将万用表转换到交流 700 V 挡，测量吸合线圈两端的电压（一定要注意安全！）。

将上述测试过程相关数据记录在表 1 中。

表1　交流接触器测试数据表

教师签名：

型号			铭牌参数		
俯视图及标注（主触头、辅助动合/动断辅助触头和吸引线圈）				电路符号	
断电测试	主触点是否完好		辅助触点是否完好		
	线圈阻值		/		/
通电测试	主触点是否吸合		吸合线圈两端电压		
如果交流接触器上吸引线圈的额定电压由于某种原因看不清楚，应该如何测试？					

2. 对热继电器观察测试

对热继电器观察测试，绘制俯视图，将相关数据记录表2中。

表2　热继电器测试数据表

型号			铭牌参数		
俯视图及标注（含动合/动断触头外观）				电路符号	
断电测试	发热元件是否通		常开触点是否完好		
	常闭触点是否完好		/		/

3. 对断路器观察测试

对断路器观察测试，绘制俯视图，将相关数据记录表3中。

表3　断路器测试数据表

型号			铭牌参数		
俯视图及标注				电路符号	
断电测试	是否完好		是否与接线柱接触牢靠		

4. 电机的三角形与星形接法练习

练习电机的三角形与星形接法，填写表4。

表4　电机的三角形与星形接法

接法名称	星形接法	三角形接法
电气线路示意图	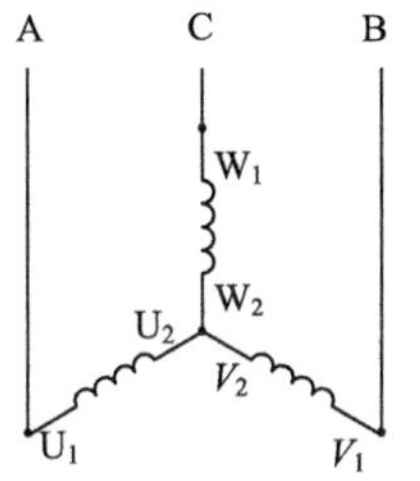	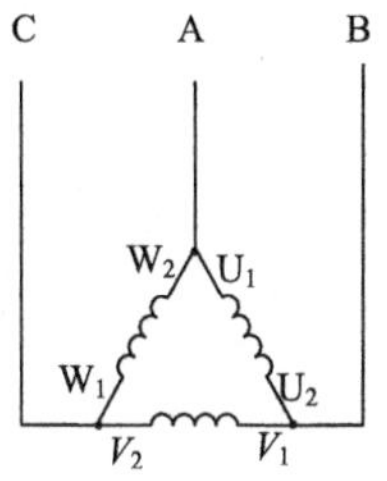
接线盒接线示意图（请在右边两图中分别画出星形和三角形接法，并进行实际接线，由实训老师确认）	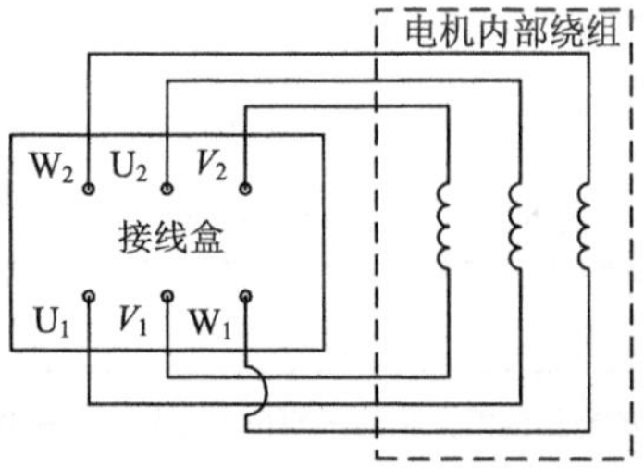	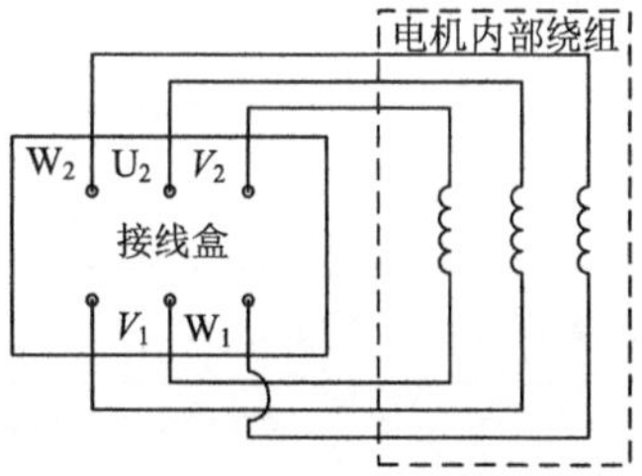
本实训采用的接法	□三角形接法 □星形接法　请在"□"中画"√"	

额定电压下，应该使用三角形接法的电动机，如果改成星形接法，则属于降压运行，电动机功率减小，启动电流也减小。额定电压下，应该使用星形接法的电动机，如果改成三角形接法，则属于超压运行，一般是不允许的。

5. 电动机的连续运行与点动运行

（1）分析图1（虚线部分可以用断路器代替，此图中辅助线路的各元件端编号没有按"奇偶"规范编号）电动机连续运行控制线路，清查且检测所需元件，然后按照工艺在配电与电气控制系统实训板上完成安装接线（预习时需要参考附录7）。

（2）检查线路无误后，请实训老师认可并签字，然后通电试验。

（3）操作起动按钮和停止按钮观察电动机的运行情况。如发现故障应立即断开电源，分析原因，排除故障后再通电。

（4）观察 FR 动作对线路的影响（可手动断开触点试验）。

（5）更改图 1 所示电路，用 SB2 实现按键点动控制。说明点动与连续运行的区别。

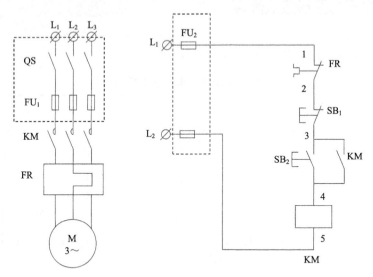

图 1　电动机连续运行控制线路

按上述实训内容填写相关数据，并且进行分析，回答相关的思考题，如表 5 所示。

表 5　电动机的连续运行与点动运行

连续运行情况的线接好后自查了吗？		教师签名：
操作起动按钮和停止按钮观察电动机的运行情况，描述并写出遇到的问题与解决方法		
用完整的语言描述，含画出遇到故障现象的电路图，并分析原因		
画出点动的控制电路图（横着画）		
阐述点动工作过程		
点动功能实现了吗？		
比较三相异步电动机点动、连续运动的不同	*用完整的语言描述*	
回答思考题		
（1）"自锁"的含义是什么？		
（2）接通电源后，未按起动按钮，电动机立即起动旋转，是什么原因？按下停止按钮，电动机不能停止，又是什么原因？		

续表

（3）若电动机不能实现连续运行，可能的故障是什么？

（4）若自锁常开触头错接成常闭触头，会发生怎样的现象？

（5）线路中已用了热继电器，为什么还要装断路器？是否重复？

6. 整理实验桌面

实训结束后，断开电源，按照实验室规定将实训过程中所用到的元件及工具放回指定的位置（实训桌面的整洁情况将会记录在实训总成绩中）。

四、实 训 总 结

简明扼要地对实训进行总结（要有说明本次实训结论的语句），并且说明做得好的地方和不好的地方，分析实训中可能存在的问题（总结不少于 100 字）。同时撰写体会与感受（200 字以内）。

实训八　三相异步电动机的可逆运行控制

一、实 训 目 的

（1）掌握三相异步电动机正、反转控制电路的工作原理及正确的接线方法；

（2）掌握三联按钮的使用和正确接线方法；

（3）学会正、反转电路的故障分析及排除故障的方法。

二、实训设备与器材、软件

名称	种类、型号规格	数量
数字万用表		1个
交流接触器		2个
断路器（三路）		1个
断路器（单路）		2个
热继电器		1个
控制按钮		1个
笼型三相异步电机		1个
十字螺丝刀	/	1个
一字螺丝刀	/	1个
接线端子排	/	1个
导线	/	若干

续表

名称	种类、型号规格	数量
线槽	/	若干
配电与电气控制系统实训板	/	1块
铅笔直尺	自备	1套
配电连接线	/	1根

三、实训内容与步骤

1. 电动机可逆运行

电动机可逆运行具有电气和按钮双联互锁的控制线路如图 1 所示。按以下步骤进行实训，并且填写表 1。

表 1　电动机的可逆运行控制数据记录表

手绘电动机可逆运行具有电气和按钮双联互锁的控制线路图		
按实验原理图再绘制一遍		
阐述工作过程		
线接好后自查了吗？		教师签名：
操作起动按钮和停止按钮观察电动机的运行情况，描述并写出遇到的问题与解决方法		
用完整的语言描述，含画出遇到故障现象的电路图，并分析原因		
同组某位同学人为制造故障描述		同组其他同学排除故障过程描述
用完整的语言描述		*用完整的语言描述*
回答思考题		

（1）按下 SB2（或 SB3）电动机正常运行后，轻按一下 SB3（或 SB2），观察电动机运转状态有什么变化？电路中会发生什么现象？为什么？

（2）实训中如果发现按下正（或反）转按钮，电动机旋转方向不变，分析故障原因。

（3）线路中已使用热继电器，为什么还要装断路器？是否重复？

（1）按图 1（虚线部分可以用断路器代替，此图中辅助线路的各元件端编号没有按"奇偶"规范编号）在配电与电气控制系统实训板上完成安装接线，先接主电路，再接控制电路。注意接线工艺，检查线路无误后，请指导教师检查并签字后通电实训（提示：预习时需要参考附录 4）。

（2）分别按下按钮 SB2、SB3，观察电动机的正、反转运行。

（3）实训中出现不正常现象时，应断开电源，分析故障产生的原因，若为同组某位同学人为制造故障，由同组其他同学分析排除。

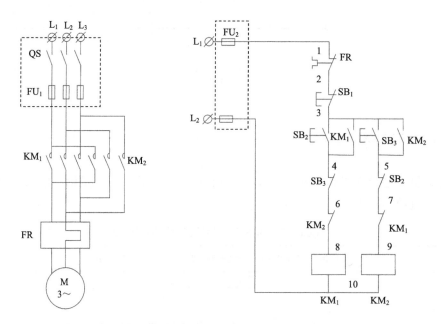

图 1　电动机可逆运行具有电气和按钮双联互锁的控制线路

2. 整理实验桌面

实训结束后，断开电源，按照实验室规定将实训过程中所用到的元件及工具放回指定的位置（实训桌面的整洁情况将会记录在实训总成绩中）。

四、实 训 总 结

简明扼要地对实训进行总结（要有说明本次实训结论的语句），并且说明做得好的地方和不好的地方，分析实训中可能存在的问题（总结不少于 100 字）。同时撰写体会与感受（200 字以内）。

实训九　Pt100 温度传感器性能

一、实 训 目 的

（1）熟练掌握万用表的使用方法；

（2）了解 Pt100 温度传感器的性能和外形特征；

（3）学会 Pt100 温度传感器的测试方法；

（4）了解温度显示仪的使用方法。

二、实训设备与器材、软件

名称	型号规格	数量
数字万用表		1 个
温度传感器	WZPT-10 型 Pt100	1 个
十字螺丝刀	/	1 个
一字螺丝刀	/	1 个
温度显示仪		1 个
实验用水杯	实验室自备	1 个
信号导线	/	若干
市电单相电源线	/	1 根
电力导线	/	若干
铅笔直尺	自备	1 套

三、实训前预习

（1）认真阅读教材相关章节，掌握热电阻 Pt100 测温相关内容。
（2）认真阅读温度控制器（温控器）使用说明书（附录 8），掌握接线方法和操作步骤。

四、实训内容与步骤

在实训前，要目测检查实验设备的状况，记录主要设备和仪器仪表的型号；检查实训所需设备和部件是否齐全，如不齐全，应及时向实训老师说明。

1. 熟悉温度控制器接线端子的功能

操作步骤如下：
（1）依据仪表外壳上所列接线图，确认各端子的功能。对照使用说明书检查其正确性。
（2）按接线图（图 1）将温控器接上电源线。接通电源，仪表开始自检。

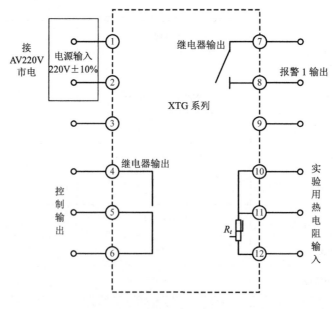

图 1　温度检测仪表接通电源

注意：若 AC220V 电源接错，将会使仪表烧坏！

2. 检查温控器的测温性能

由于 Pt100 温度传感器对温控器而言，相当于一个无源电阻信号，所以可以用一个多圈电位器（或精密电阻）来模拟 Pt100 温度传感器检查温控器的性能。操作步骤如下：

（1）将多圈电位器可调端（引出 1 条）和某一固定端（引出 2 条）引出等长的接线（共 3 条）；

（2）在 3 位拨码开关断开（位置在下方）情况下，使用万用表 200 Ω 挡位测量多圈电位器输出端电阻，使用一字螺丝刀调节电位器，使万用表读数为 100.0 Ω；

（3）断开温控器电源，按 Pt100 温度传感器的接线方法，将多圈电位器的三根接线接入温控器对应端子（10、11 和 12 端子，两根相同颜色的接线接在 10 和 11 端子）；

（4）通过拨码开关将多圈电位器与仪表接通（位置在上方），接通温控器电源，此时温控器显示等效电阻所对应的温度；

（5）等待 1 min，被测参数读数稳定后，记录该读数；

（6）利用仪表"测量误差修正"功能（操作方法见操作说明书），对出厂值进行修改；

（7）通过拨码开关将多圈电位器与仪表断开（位置在下方），调节多圈电位器，使万用表测量的阻值分别为表 1 所示；

（8）通过拨码开关将多圈电位器与仪表接通（位置在上方），等测量值读数稳定后，用万用表测量多圈电位器两端的电压，将测试数据记录在表 1 中；

（9）重复步骤（7）和步骤（8），直至表 1 中所列各项全部完成；

（10）查温度电阻表，分析实验数据，计算相对误差并检验其合理性。

表 1　用多圈电位器模拟 Pt100 温度传感器检查温控器性能数据记录表

					教师签名：	
校调仪表（100Ω）	显示值：			修正值：		
电位器电阻值/Ω	100	104	108	112	127	139
仪表显示温度/℃						
万用表读数/mV（直流）						
查表得到的温度/℃						
计算相对误差						
说明合理性：						

3. 传感器性能

利用 Pt100 温度传感器测量手掌温度，操作步骤如下：

（1）将万用表功能旋钮旋转到欧姆挡 200 Ω 挡位；

（2）将万用表表笔分别和 Pt100 温度传感器两端相连；

（3）将 Pt100 温度传感器紧握在手中，待万用表读数稳定后，记录读数；

（4）查询 Pt100 温度传感器分度表，换算成对应温度，并将其分别填入表 2 中；

（5）分析实验数据，检验其合理性（仔细思考，同组讨论后，填入表 2）。

表 2　Pt100 温度传感器测试手温记录表

/	同学 A	同学 B
万用表读数/Ω		
换算温度值/℃		
合理性分析		

利用 Pt100 温度传感器测量水温，操作步骤如下：

（1）按 WZPT-10 型 Pt100 与温度检测仪表的接线图接线，如图 2 所示。

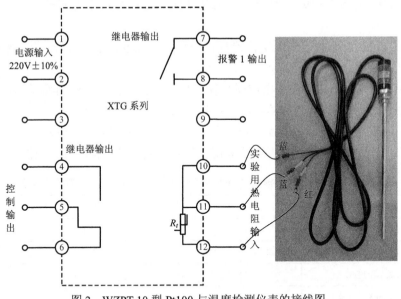

图 2　WZPT-10 型 Pt100 与温度检测仪表的接线图

（2）接好连接线，老师检查并签字后，接通温度检测仪表电源，将其传感器放在空气中，待检测仪表读数稳定后，记录读数，该值为实验室空气温度。

（3）将开水倒入水杯至 2/3 位置。

（4）将温度检测仪表所连接传感器和 Pt100 温度传感器都正确放入水杯中，待温度显示上升到最大值时，此显示数据为所测水杯中水的温度。

（5）将万用表功能旋钮旋转到欧姆挡 200 Ω 挡位。

（6）将万用表表笔分别和 Pt100 温度传感器两端相连，设此时的时刻为 $T = 0$。

（7）等待一段时间（如 3 min），同时记录温度检测仪表和万用表的读数，直到温度检测仪表读数接近室温为止。注意：使用万用表读阻值时，要通过接入仪表处的开关将 Pt100 与仪表断开。

（8）查询 Pt100 温度传感器分度表，换算成对应温度，并将其分别填入表 3 中。

（9）将仪表显示温度和换算温度作为横坐标，万用表读数作为纵坐标，标出各点位置（分别用*和 o），划一条直线，使各点位置离直线最近。求出直线的截距和斜率。

（10）分析实验数据，检验其合理性。

表 3　Pt100 温度传感器测试开水水温下降记录表与特性图（空气温度：　　）

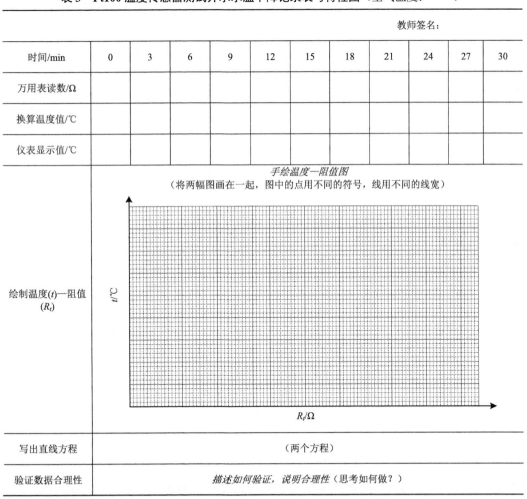

											教师签名：
时间/min	0	3	6	9	12	15	18	21	24	27	30
万用表读数/Ω											
换算温度值/℃											
仪表显示值/℃											
绘制温度(t)—阻值(R_t)	*手绘温度—阻值图*（将两幅图画在一起，图中的点用不同的符号，线用不同的线宽） t/℃ R_t/Ω										
写出直线方程	（两个方程）										
验证数据合理性	*描述如何验证，说明合理性*（思考如何做？）										

4. 整理实验桌面

实训结束后，断开电源，按照实验室规定将实训过程中所用到的元件及工具放回指定的位置（实训桌面的整洁情况将会记录在实训总成绩中）。

五、实 训 总 结

简明扼要地对实训进行总结（要有说明本次实训结论的语句），并且说明做得好的地方和不好的地方，分析实训中可能存在的问题（总结不少于 100 字）。同时撰写体会与感受（200 字以内）。

实训十 温度控制系统的调试

一、实 训 目 的

（1）掌握温控器的使用方法；

（2）掌握温控器的标定方法，学会调整温控器的主要参数；

（3）掌握被控对象——温控箱参数的测定方法；

（4）掌握温度控制系统的构成，学会正确连接线路；

（5）掌握温控器的工作原理，初步学会 P、I、D 参数的调整方法。

二、实训设备与器材、软件

名称	型号规格	数量
数字万用表		1 个
温度传感器	WZPT-10 型 Pt100	1 个
十字螺丝刀	/	1 个
一字螺丝刀	/	1 个
温控器		1 个
保温箱	25W 螺口白炽灯+圆柱箱体	1 个
多圈电位器	WX03-13/220Ω±5%	1 个
信号导线		若干
市电单相电源线	/	1 根
电力导线	/	若干
秒表	用手机代替	1 个
铅笔直尺	自备	1 套

三、实训前预习

（1）认真阅读教材相关章节，掌握热电阻测温相关内容和温度控制系统的工作原理，清楚 P、I、D 调节参数的意义。

（2）认真阅读温控器使用说明书，掌握接线方法和操作步骤（附录6）。

四、实训内容与步骤

在实训前，要目测检查实训设备的状况，记录主要设备和仪器仪表的型号；检查实训所需设备和部件是否齐全。如不齐全，应及时向实训老师说明。本实训主要进行温控器使用及对其主要部件参数进行测定，构建一个温度控制系统并调试运行。

1. 熟悉温控器接线端子的功能

操作步骤如下：

（1）依据仪表外壳上所列接线图，确认各端子的功能。对照使用说明书检查其正确性。

（2）由于温控器采用继电器输出，本实训中采用常开点，所以要避免使用常闭点（可使用万用表通断挡进行检查）。确认无误后，方可接线。

（3）按接线图（图1）将温控器接上电源线。接通电源，仪表开始自检。

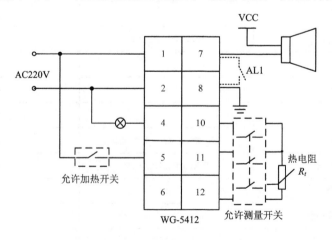

图1 温控器接线图

注意：若 AC220V 电源接错，将会使仪表烧坏！

2. 熟悉温控器面板布置和功能

（1）认真阅读使用说明书，掌握面板上 LED 指示灯和数码管显示参数的意义；

（2）掌握各按键的功能。

3. 熟悉温控器参数的设置使用方法

（1）对照说明书熟悉温控器的设置方法，将所有参数恢复为出厂设定值；

（2）对照说明书，将本仪表不具备的项目逐一进行标记；

（3）理解各功能参数的作用和意义，并且注意在设置参数时将底板上的加热器开关断开，参数设置完毕后，将允许加热开关闭合。

4. 检查温控器的输出和报警功能

在设置参数 P（比例度）=0 情况下，检查温控器的输出和报警功能，操作步骤如下：

（1）利用仪表"给定值设定"功能，将 SV 值改为 40℃。利用仪表"第一路报警值"功能，将报警值 AL1 设定为 43℃。

（2）调节多圈电位器，使仪表显示参数值为 0℃。记录"OUT1"指示灯和"AL1"指示灯的状态，用万用表通断挡测量主继电器输出端常开触点与其公共端的状态；用万用表通断挡测量报警继电器 AL1 输出端常开触点与其公共端的通断状态，并记录在表 1 中。

（3）重复步骤（2），调节多圈电位器，使仪表显示参数值分别为表 1 所列值，并测量和记录其状态。

表 1　用多圈电位器模拟 Pt100 温度传感器观测温控器输出状态记录表

仪表显示温度/℃	0	35	37	39	40	41	43	45
"OUT1"指示灯								
继电器常开触点状态								
"AL1"指示灯								
AL1 常开触点状态								

5. 温控器参数自整定功能的使用

使用温控器参数自整定功能，操作步骤如下：

（1）安装 25 W 白炽灯和 Pt100 温度传感器，按照使用说明，接好温度控制系统线路（参考附录 9 最后一部分内容），画出温度控制闭环系统示意框图。将允许加热开关断开，请实训老师检查确认无误并签字后接通电源。

（2）修改温控器参数，SV 设定温度给定值为 60℃，将报警值设定为 65℃。

（3）使用温控器的参数自整定功能，完成对 P、I、D 参数的自整定，将允许加热开关闭合。

（4）每间隔一定时间（如 10 s），记录一次温控器显示温度测量值，直至温控箱实际温度稳定在设定值的误差范围内或控温时间超过 11 min，将测量数据填入表 3。在测量过程中，注意记录报警次数和灯泡亮灭的过程。

（5）进入菜单设置界面参看自整定的 P、I、D 参数，并且记录到表 2。

（6）以时间为横坐标，记录的实际温度为纵坐标，画出其时间—温度曲线。

（7）分析实验数据，说明其合理性。

表 2　温控器参数自整定功能的使用与测试（SV=60℃）

教师签名：

画出温度控制闭环系统示意框图

填上温度控制闭环系统示意框图

自整定是否设置正确：

环境温度 T_a=　　℃			P=　　、I=　　、D=					测试过程报警次数：		
时间/s	0	10	20	30	40	50	60	70	80	90
0										
100										
200										
300										
400										
500										
600										
700										

描述灯泡在测量过程中亮灭的过程：

描述报警在测量过程中起作用的过程（需要解释报警次数的多少说明什么？）：

依实训数据绘制温度响应曲线图（请在下图中描点，并且手工拟合曲线）

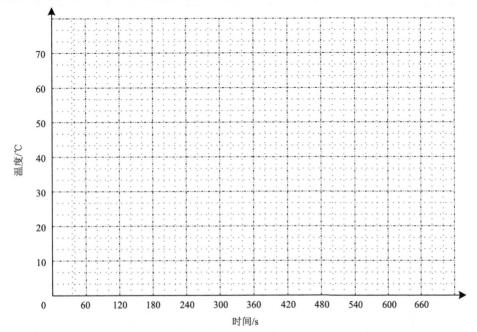

对曲线进行说明（说明温度上升直到稳定过程的合理性）：

6. 温控器 *P*、*I*、*D* 参数调节作用测试

分别针对下面三组 *P*、*I*、*D* 参数：

（1）*P*=10、*I*=0（表示积分没有作用）、*D*=0（表示微分没有作用）；

（2）*P*=10、*I*=100、*D*=0（表示微分没有作用）；

（3）*P*=10、*I*=100、*D*=200。

依次按如下步骤操作：

（1）等待 Pt100 温度传感器及白炽灯冷却到室温。

（2）按照使用说明，连接温度控制系统线路，请实训老师检查确认无误后接通电源，但断开允许加热开关。记录温控器显示的测量温度 T_a，该温度为环境温度。

（3）修改温控器参数，设定温度给定值 SV 为 60℃，将报警值 AL1 设定为 65℃。

（4）按各组 P、I、D 参数修改温控器的 P、I、D 参数，设置完成后将允许加热开关闭合。

（5）每间隔一定时间（如 10 s），记录一次温控器显示温度测量值，直至温控箱实际温度稳定在设定值的误差范围内或控温时间超过 11 min。按对应的 P、I、D 参数分别填写表 3～表 5。在测量过程中，注意记录报警次数和灯泡亮灭的过程。

（6）断开温度控制系统电源，等待温控箱自然冷却至环境温度，继续下一组 P、I、D 参数下温度测量。

三组数据测量完毕，在同一坐标系中绘制温度响应曲线，画图时用三种不同的符号（如"·"、"*"、"。"）并进行分析，填写表 6。

表3　第一组 P、I、D 参数下测量数据（SV=60℃）

环境温度 $T_a=$ 　　℃			$P=10$、$I=0$、$D=0$					测试过程报警次数：		
时间/s	0	10	20	30	40	50	60	70	80	90
0										
100										
200										
300										
400										
500										
600										
700										

描述灯泡在测量过程中亮灭的过程：

描述报警在测量过程中起作用的过程（需要解释报警次数的多少说明什么？）：

表4　第二组 P、I、D 参数下测量数据（SV=60℃）

环境温度 $T_a=$ 　　℃			$P=10$、$I=100$、$D=0$					测试过程报警次数：		
时间/s	0	10	20	30	40	50	60	70	80	90
0										
100										

续表

环境温度 $T_a=$　℃		$P=10$、$I=100$、$D=0$					测试过程报警次数：		
时间/s	0	10	20	30	40	50	60	70	80	90
200										
300										
400										
500										
600										
700										

描述灯泡在测量过程中亮灭的过程：

描述报警在测量过程中起作用的过程（需要解释报警次数的多少说明什么？）：

表5　第三组 P、I、D 参数下测量数据（SV=60℃）

环境温度 $T_a=$　℃		$P=10$、$I=100$、$D=200$					测试过程报警次数：		
时间/s	0	10	20	30	40	50	60	70	80	90
0										
100										
200										
300										
400										
500										
600										
700										

描述灯泡在测量过程中亮灭的过程：

描述报警在测量过程中起作用的过程（需要解释报警次数的多少说明什么？）：

表6 三组 **P、I、D** 参数下响应曲线与分析（SV=60℃）

在同一坐标系中绘制三组实验数据形成的曲线

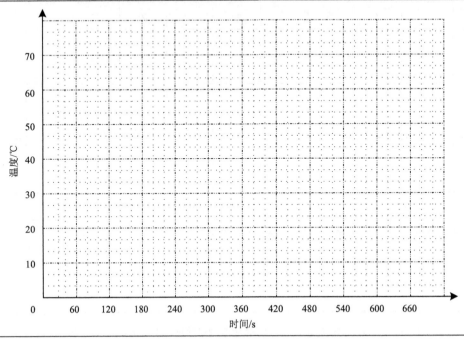

数据分析与总结：

提示：三种曲线有何区别？注意从控制系统指标方面考虑。这些区别与 *P、I、D* 参数的加入有何联系？总结 *P、I、D* 参数的作用。

7. 整理实验桌面

实训结束后，断开电源，按照实验室规定将实训过程中所用到的元件及工具放回指定的位置（实训桌面的整洁情况将记录在实训总成绩中）。

五、实 训 总 结

简明扼要地对实训进行总结（要有说明本次实训结论的语句），并且说明做得好的地方和不好的地方，分析实训中可能存在的问题（总结不少于100字）。同时撰写体会与感受（200字以内）。

实训十一　绘制温控装置的屏、箱、柜、体图

一、实 训 目 的

（1）熟悉各种图形基本元素：点、线、面、孔、标注的绘制；

（2）掌握使用 SolidWorks 绘制效果图和屏、箱、柜、体的方法；

（3）会看屏、箱、柜、体尺寸图的关系。

二、实训设备与器材、软件

名称	种类、型号规格	数量
SolidWorks	/	1 个
Photoshop/Coredraw	/	1 个

三、实训内容与步骤

1. 基本内容

已知温度控制仪表 WG-5412 的外观如图 1 所示，保温箱外观如图 2 所示。根据自己的理解，设计一套保温箱温度控制系统实验装置的外壳，需要将温控器与保温箱装入其中并固定，以便整体挪动和接线实验。请在考虑以下问题基础上，利用 SolidWorks 画出实体外壳和相应的平面尺寸图，以便机械加工。

（1）保温箱（传感器与加热器已含在内）的安装、固定问题；

（2）温控器的安装、固定问题；

（3）外接线问题；

（4）电源接入问题；

（5）安全问题。

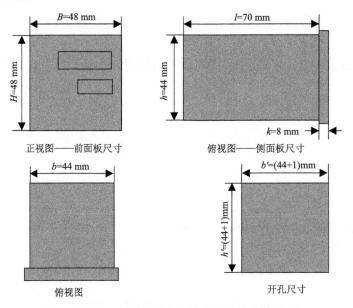

图 1　WG-5412 的外观图（正视图显示面板的布局）

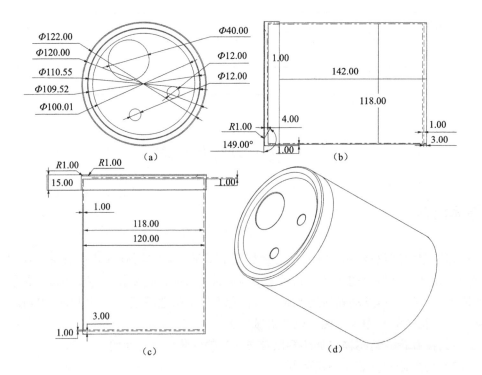

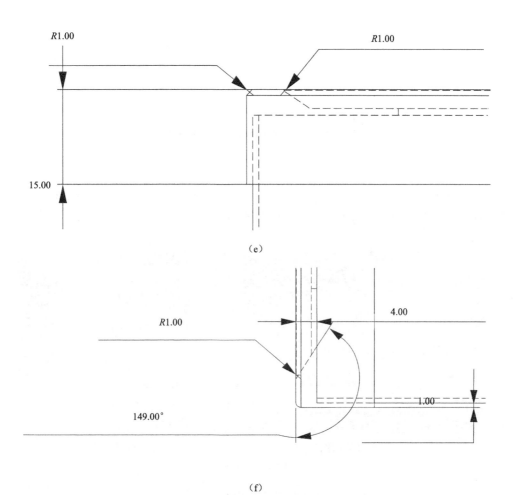

（e）

（f）

图 2　保温箱外观图（单位：mm）

2. 拓展内容

利用 Photoshop、Coredraw 或 SolidWorks 为保温箱温度控制装置设计一个的标识（Logo）。

四、实 训 总 结

简明扼要地对实训进行总结（要有说明本次实训结论的语句），并且说明做得好的地方和不好的地方，分析实训中可能存在的问题（总结不少于 50 字）。同时撰写体会与感受（200 字以内）。

附录 1　万用表使用指南

万用表能测量电流、电压、电阻，有的还可以测量三极管的放大倍数、频率、电容等。万用表包含有指针万用表与数字万用表两种（图1）。

（a）指针万用表

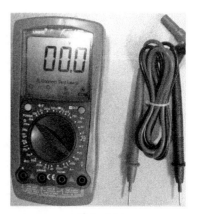

（b）数字万用表

图 1　万用表

以下将以 UT58A 型数字万用表为例进行说明。

1. 问：数字万用表有几个部分组成，有什么功能？

答：普通数字万用表由主表体与表笔组成，主表体包含：液晶显示屏、开关机按钮、抓屏按钮、功能旋钮及 4 个表笔插口。能够对电容、电阻、二极管、交流电压、交流电流、直流电压和直流电流进行测量。

主表体中间的功能旋钮四周的挡位包含：二极管/蜂鸣器挡位、量程 2 kΩ 的电阻挡位、量程 20 kΩ 的电阻挡位、量程 750 V 的交流电压挡位、量程 1000 V 的直流电压挡位等。主表体底部是表笔的插口，分别是安培插口、微安/毫安插口、电压/电阻/二极管插口、公共 COM 插口。

注意：万用表测量电阻、电容和电感等无源元件时，需要仪表内部提供电源（能量）。

2. 问：二极管/蜂鸣器挡位有什么作用，如何使用数字万用表测量二极管呢？

答：二极管/蜂鸣器挡位有测量二极管极性及电路通断的作用。首先将黑表笔插入公共 COM 插口，红表笔插入电压电阻二极管插口；然后将功能旋钮转到二极管/蜂鸣器挡位，按下开关机按钮。触碰两表笔观察蜂鸣器是否报警，这个功能方便在检验电路通断时，可以不看主表体液晶屏就知道结果（蜂鸣器报警说明短路，蜂鸣器不报警说明断路）。

对于普通的直插整流二极管，可以直接分辨二极管的正、负极，有白色环的是负极。但对于特殊二级管，如贴片发光 LED，难以直接分辨，需要借助数字万用表来辨别正、负极。将红、黑表笔分别连接 LED 两端，LED 不发光且液晶显示屏没有数字，说明红表笔连接的是负极，黑表笔连接的是正极；然后反接，LED 发光且液晶显示屏有数字，显示数值为 400～800。假设显示数值为 549，说明二极管的管压降为 0.549 V。

3. 问：使用数字万用表如何测量电阻，以及在测试的过程中需要注意什么问题？

答：首先将黑表笔插入公共 COM 插口，红表笔插入电压/电阻/二极管插口。在测量电阻过程中分为两种情况：

（1）知道被测电阻的大概阻值。将功能旋钮旋转到比被测电阻大概阻值大的电阻挡位。以 5.1 kΩ 电阻为例，我们将功能旋钮转到量程为 20 kΩ 的电阻挡位，按下开关机按钮，将红、黑表笔分别接入电阻的两端，液晶屏上显示 4900 Ω（电阻的标称值与实测值有误差）。注意在测量中尽量不要用手接触红、黑表笔的金属端，避免人体电阻的干扰。

（2）不知道被测电阻的大概阻值。应将量程从大到小对被测电阻逐步测量，选择合适挡位测量，得到准确的阻值。

4. 问：使用数字万用表如何测量电容，在测量的过程中需要注意什么问题？

答：以测量 47 μF 电解电容为例。将红、黑表笔分别接入微安/毫安电流插口、电压/电阻/二极管插口，将功能旋钮转到量程为 100 μF 的电容挡位，按下开关机按钮。注意在测量电容时，需要将电容两电极放电。电容比较小时，可以直接将电容两个引脚短接放电；电容比较大时，两电极之间存在的电荷量较大，引脚短接会出现较大短路电流，缩短电容的使用寿命甚至危害人身安全，这时需要串联电阻才可以放电。

将红表笔接入被测电容的正极（电容的长脚为正极，或者靠近电容的封装白色标志的引脚为负极），黑表笔接入电容的负极。在液晶屏显示数值为 40.6，说明电容的实际测量值为 40.6 μF（电容的标称值与实测值有误差）。

5. 问：使用数字万用表如何测量电压？

答：测量电压分测量交流电压与测量直流电压，需要将表笔插入相应的插口并将功能旋钮转到合适的挡位。

以测量直流电压为例。假设不知道被测电压的大概值，将功能旋钮转到量程为 1000 V 的直流电压挡位，表笔插入被测点。这时液晶显示屏显示数字 5，表示这两点的电压值为 5 V。由于选择的量程较大导致测量精度下降，所以需要减小量程进一步测量。

移开表笔，将功能旋钮转到量程为 20 V 的直流电压挡位，液晶显示屏显示数字为 4.75，表示这两点的电压为 4.75 V。

当表笔的正、负接反时，液晶显示屏会显示负数。

6. 问：使用数字万用表如何测量电流，在测量的过程中需要注意什么问题？

答：测量电流分测量交流电流与测量直流电流，测量电流的表笔插口有两个，在不同的量程之下，表笔的插口不同。在测量时注意将万用表串联在电路中，在不知道电流大概数值的情况下，按照从量程大的挡位逐步向量程小的挡位测量。

以测量直流电流为例。假设电流比较小，将功能旋钮转到直流量程 200 mA 挡位，红表笔接入微安毫安电流插口，黑表笔接入公共 COM 插口。按下开关机按钮，液晶屏没有数字显示，接通电路后液晶显示屏有数字显示。当表笔的正、负接反时，液晶显示屏会显示负数。

在使用万用表测量电流时，注意表笔接线的插口需要与挡位配合使用，否则极可能烧坏万用表。

在不断电的情况下可以使用钳表测量电流，如图 2 所示，将钳形铁心钳入待测载流导线。有些钳表同时也兼具测量电压和电阻的功能。

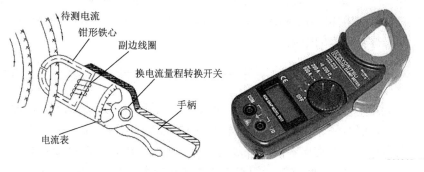

图 2　钳表测量电流

7. 问：数字万用表与指针万用表有什么区别？

答：数字万用表的优点是测量精度和分辨率较高，读数直观，使用方便，尤其是输入阻抗高，最小的挡位（直流电压挡）输入阻抗都在 1 MΩ 以上，测量时对电路的影响很小。缺点是由于输入阻抗较高，测量一些混合有脉冲波的直流电压时会受其干扰，得不到准确的测量值；另外数字万用表的 A/D（模数转换）芯片工作机制是分时段扫描，每秒扫描 3～4 次，因此不能适时的监控电路连续的变化。

指针万用表的优点是能显示所测电路连续变化的情况，并且不会出现数字万用表受干扰的那种情况；指针式万用表电阻挡的测量电流较大，特别适合用来检测元件。缺点是输入阻抗低，测量时对电路的工作状况会产生一些影响；刻度线性度较差，读数会产生误差。两种万用表各有优缺点，互补使用为佳。

8. 问：指针万用表的红、黑表笔插孔代表什么？

答：对于指针万用表，红表笔插口是电流流入仪表的接口，黑表笔插口则是电流流出仪表的接口。因此在测量直流电压时，红表笔接正极，黑表笔接负极；测量直流电流时，电流由红表笔流入万用表，黑表笔流出万用表；测量电阻时，由表内的直流电源供电，依然是由黑表笔插口流出电流，经过被测电阻流入红表笔插孔。

9. 问：使用数字万用表还需要注意哪些事项？

答：（1）数字万用表使用 9 V 蓄电池供电，因此在使用数字万用表之后，注意将电源关掉，避免电能的浪费。

（2）在使用数字万用表前，特别是在测量电流后再测量电压时，注意功能旋钮的位置与表笔的插口是否接对，一旦接错可能造成万用表的损坏甚至危害人身安全。

（3）数字万用表尽量避免处于强光、高温与潮湿的环境，在不使用时尽可能存放在阴暗、干燥的地方。

（4）在测量过程中不要更换量程，要将测量电路断开后，才可切换量程，否则可能烧坏挡位开关或损坏内部电子元件，影响以后的使用。

附录 2 示波器使用指南

示波器是一种综合性电信号显示和测量的仪器，不但可以直接显示电信号随时间变化的波形及其变化过程，测量信号的幅度、频率、脉宽、相位差等，而且能观察信号的非线形失真，测量调制信号的参数等。配合各种传感器，示波器还可以进行各种非电量参数的测量。

一、示波器工作原理与接地系统

示波器可分为模拟示波器与数字示波器，如图 1 所示。

 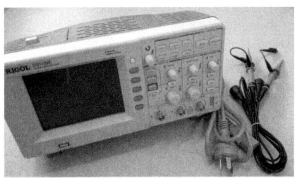

(a) 模拟示波器　　　　　　　　　　　　(b) 数字示波器

图 1　示波器

1. 模拟示波器工作原理

模拟示波器是一种以连续方式将被测信号显示出来的一种观测仪器，它利用示波管内电子束在电场或磁场中的偏转，在屏幕上显示随时间变化的电压信号来达到观测目的。

模拟示波器的结构示意图如图 2 所示。它由垂直系统（Y 轴信号通道）、水平系统（X 轴信号通道）、示波管、示波管电路、低压电源等组成。

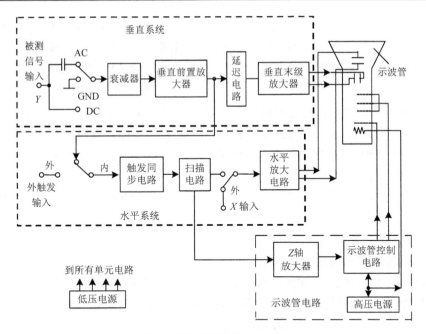

图2 模拟示波器结构示意图

1）示波管的结构和工作原理

（1）示波管的结构

示波管是一种可以将被测电信号转变为光信号并显示出来的光电转换元件，主要由电子枪、偏转系统和荧光屏三部分组成，如图3所示。

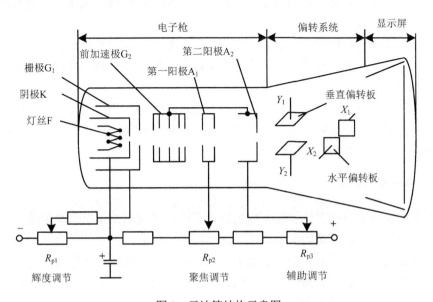

图3 示波管结构示意图

电子枪。电子枪由灯丝 F、阴极 K、栅极 G_1、前加速极 G_2、第一阳极 A_1 和第二阳极 A_2 组成。阴极 K 是一个表面涂有氧化物的金属圆筒，灯丝 F 装在圆筒内部，灯丝 F 通电后加热阴极 K，使其发热并发射电子，经栅极 G_1 顶端的小孔、前加速极 G_2 圆筒内的金属限制膜片、第一阳极 A_1 和第二阳极 A_2 汇聚成可控的电子束冲击荧光屏使之发光。栅极 G_1 套在阴极 K 外面，其电位比阴极 K 低，对阴极 K 发射的电子起控制作用。调节栅极 G_1 电位可以控制射向荧光屏的电子流密度。栅极 G_1 电位较高时，绝大多数初速度较大的电子通过栅极 G_1 顶端的小孔冲击荧光屏，只有少量初速度较小的电子返回阴极 K。电子流密度大，荧光屏上显示的波形较亮；电子流密度小，荧光屏上显示的波形较暗。当栅极 G_1 电位足够低时，电子会全部返回阴极 K，荧光屏上不显示光点。调节电阻 R_{p1} 即"辉度"调节旋钮，可改变栅极 G_1 电位，也即改变显示波形的亮度。

第一阳极 A_1 的电位远高于阴极 K，第二阳极 A_2 的电位高于第一阳极 A_1，前加速极 G_2 位于栅极 G_1 与第一阳极 A_1 之间，并且与第二阳极 A_2 相连。G_1、G_2、A_1、A_2 构成电子束控制系统。调节 R_{p2}（"聚焦"调节旋钮）和 R_{p3}（"辅助聚焦"调节旋钮），即第一、第二阳极的电位，可使发射的电子形成一条高速且聚集成细束的射线，冲击到荧光屏上会聚成细小的亮点，以保证显示波形的清晰度。

偏转系统。偏转系统由水平（X 轴）偏转板和垂直（Y 轴）偏转板组成。两种偏转板相互垂直，每种偏转板相互平行，偏转板上加有偏转电压，形成各自的电场。电子束从电子枪射出之后，依次从两对偏转板之间穿过，受电场力作用，电子束产生偏移。其中，垂直偏转板控制电子束沿垂直（Y 轴）方向运动，水平偏转板控制电子束沿水平（X 轴）方向运动，形成信号轨迹并通过荧光屏显示。例如，只在垂直偏转板上加一直流电压，如果上板是正极，下板是负极，电子束在荧光屏上的光点会向上偏移；反之，光点会向下偏移。可见，光点偏移的方向取决于偏转板上所加电压的极性，而偏移的距离则与偏转板上所加的电压成正比。示波器上的"X 位移"和"Y 位移"旋钮用来调节偏转板上所加的电压值，以改变荧光屏上光点（波形）的位置。

荧光屏。荧光屏内壁涂有荧光物质，形成荧光膜。荧光膜在受到电子冲击后，能将电子的动能转化为光能，形成光点。当电子束随信号电压偏转时，光点的移动轨迹就形成了信号波形。

由于电子冲击到荧光屏上时，仅有少部分动能转化为光能，大部分则变成热能。所以，使用示波器时，不能将光点长时间停留在某一处，以免烧坏该处的荧光物质，在荧光屏上留下不能发光的暗点。

（2）波形显示原理

电子束的偏转量与加在偏转板上的电压成正比。将被测正弦电压加到垂直（Y 轴）偏转板上，通过测量偏转量的大小就可以测出被测电压值。但由于水平（X 轴）偏转板上没有加偏转电压，电子束只会沿 Y 轴方向移动，光点重合成一条竖线，无法观察到波形的变化过程。为了观察被测电压的变化过程，就要同时在水平（X 轴）偏转板上加一个与时间呈线性关系的周期性的锯齿波。电子束在锯齿波电压作用下沿 X 轴方向匀速移动，即"扫描"。在垂直（Y轴）和水平（X轴）两个偏转板的共同作用下，电子束在荧光屏上显示出波形的变化过程，如图 4 所示。

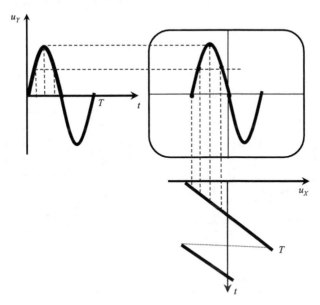

图 4　模拟示波器波形显示原理

水平偏转板上所加的锯齿波电压称为扫描电压。当被测信号的周期与扫描电压的周期相等时，荧光屏上只显示一个正弦波；当扫描电压的周期是被测电压周期的整数倍时，荧光屏上将显示多个正弦波。示波器上的"扫描时间"旋钮用来调节扫描电压周期。

2）水平系统

水平系统结构框图如图 5 所示，其主要作用是：产生锯齿波扫描电压且保持与 Y 通道输入被测信号同步，放大扫描电压或外触发信号，产生增辉或消隐作用以控制示波器 Z 轴电路。

（1）触发同步电路

触发同步电路的主要作用：将触发信号（内部 Y 通道信号或外触发输入信号）经触发放大电路放大后，传输到触发整形电路以产生前沿陡峭的触发脉冲，驱动扫描电路中的闸门电路。

触发源选择开关。用来选择触发信号的来源，使触发信号与被测信号相关。内触发：触发信号来自垂直系统的被测信号。外触发：触发信号来自示波器"外触发输入（EXT TRIG）"端的输入信号。一般选择内触发方式。

触发源耦合方式开关。用于选择触发信号通过何种耦合方式传输到触发输入放大器。

AC 为交流耦合，用于观察低频到较高频率的信号；DC 为直流耦合，用于观察直流或缓慢变化的信号。

　　触发极性选择开关。用于选择触发时刻在触发信号的上升沿还是下降沿。用上升沿触发的称为正极性触发；用下降沿触发的称为负极性触发。

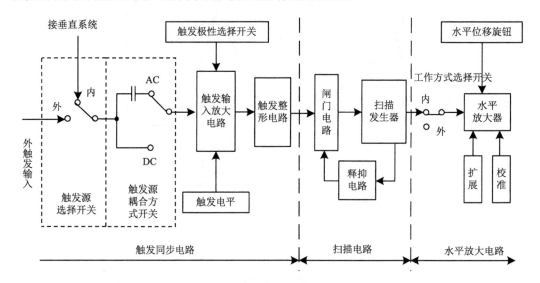

图 5　水平系统结构框图

　　触发电平。触发电平指引起触发的信号电平阈值。触发电平旋钮用于调节触发电平高低。

　　示波器上的触发极性选择开关和触发电平旋钮用来控制波形的起始点，并且使显示的波形稳定。

　　（2）扫描电路

　　扫描电路主要由扫描发生器、闸门电路和释抑电路等组成。扫描发生器用来产生线性锯齿波；闸门电路的主要作用是在触发脉冲作用下，产生急升或急降的闸门信号，以控制锯齿波的起始点和终点；释抑电路的作用是控制锯齿波的幅度，达到等幅扫描，保证扫描的稳定性。

　　（3）水平放大电路

　　水平放大电路的作用是进行锯齿波信号的放大或在 X-Y 方式下对 X 轴输入信号进行放大，使电子束产生水平偏转。

　　工作方式选择开关：选择"内"，X 轴信号为内部扫描锯齿波电压时，荧光屏上显示的波形是时间 T 的函数，称为"X-T"工作方式；选择"外"，X 轴信号为外输入信号，荧光屏上显示水平、垂直方向的合成图形，称为"X-Y"工作方式。

　　水平位移旋钮：水平位移旋钮用来调节水平放大器输出的直流电平，以使荧光屏上显示的波形水平移动。

扫描扩展开关：扫描扩展开关可改变水平放大电路的增益，使荧光屏水平方向单位长度（格）所代表的时间缩小为原值的 1/1000。

3）垂直系统

垂直系统主要由输入耦合选择器、衰减器、垂直放大器和延迟电路等组成，如图 2 所示。其作用是将被测信号送到垂直偏转板，以再现被测信号的真实波形。

（1）输入耦合选择器

输入耦合选择器用来选择被测信号进入示波器垂直通道的偶合方式。AC：只允许输入信号的交流成分进入示波器，用于观察交流和不含直流成分的信号；DC：输入信号的交流、直流成分都允许通过，适用于观察含直流成分的信号、频率较低的交流信号及脉冲信号；GND（接地）：输入信号通道被断开，示波器荧光屏上显示的扫描基线为零电平线。

（2）衰减器

衰减器用来衰减输入信号的幅度，以保证垂直放大器输出不失真。示波器上的"垂直灵敏度"开关即为衰减器的调节旋钮。

（3）垂直放大器

垂直放大器用来微调波形幅度，与衰减器配合，将显示的波形调到适宜观察的幅度。

（4）延迟电路

延迟电路的作用是使作用于垂直偏转板上的被测信号延迟到扫描电压出现后到达，以保证输入信号无失真地显示。

2. 数字示波器工作原理

数字示波器将连续信号经过信号取样和量化变为二进制信号，将二进制信号存储后，在存储空间中经过相应的算法以连续的形式在屏幕上显示，如图 6 所示。

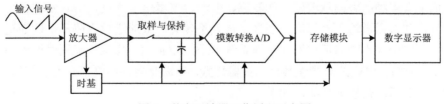

图 6　数字示波器工作原理示意图

数字示波器一般具备以下几种特点：

（1）在存储工作阶段，对快速信号采用较高的速率进行取样与存储，对慢速信号采用较低速率进行取样与存储；在显示工作阶段，其读出速率采取了一个固定值，不受取样速率的限制，因而可以获得清晰而稳定的波形。

①可以无闪烁地观察频率较低的信号，这是模拟示波器无法实现的。

②对于观测频率较高的信号，模拟示波器必须选择带宽较高的阴极射线示波管，使成本上升，并且显示精度和稳定性都较低。而数字示波器采用了一个固定的相对较低的速率显示，从而可以使用低带宽、高分辨率、高可靠性而低成本的光栅扫描式示波管，从根本上解决了上述问题。若采用彩色显示，还可以很好地分辨各种信息。

（2）可以长时间地保存信号。这种特点对观察单次出现的瞬变信号尤为有利。

有些信号，如单次冲击波、放电现象等都是在一瞬间产生，在示波器的屏幕上一闪而过，难以观察。数字示波器问世以前，屏幕照相是"存储"波形采取的主要方法。数字示波器可以将波形以数字方式存储，因而操作方便，而且其存储时间在理论上可以无限长。

（3）具有先进的触发功能。数字示波器不仅能显示触发后的信号，还能显示触发前的信号，并且可以任意选择超前或滞后的时间，这对材料强度、地震研究、生物机能等实验提供了有利的作用。此外，数字示波器还具备边缘触发、组合触发、状态触发、延迟触发等多种触发功能，可以方便、准确地对电信号进行分析。

（4）测量精度高。模拟示波器水平精度由锯齿波的线性度决定，因此很难实现较高的时间精度，一般误差在 3%～5%。而数字示波器由于使用高稳定晶振作时钟，有很高的测时精度。采用多位 A/D 转换器也使幅度测量精度大大提高。尤其是能够自动测量，直接读数，有效地克服示波管对测量精度的影响，使大多数的数字示波器的测量精度优于 1%。

（5）具有较强的处理能力。由于数字示波器内含微处理器，所以能自动实现多种波形参数的测量与显示，如上升时间、下降时间、脉宽、频率、峰-峰值等。能对波形实现多种复杂的处理，例如，取平均值、取上下限值、频谱分析及对两波形进行加、减、乘等运算处理。同时还能使仪器具有许多自动操作功能，如自检与自校等，使用方便。

（6）具有数字信号的输入/输出功能。因此可以方便地将存储的数据传送到计算机或其他外部设备，进行更复杂的数据运算或分析处理。同时还可以通过 GP—IB 接口与计算机一起构成强有力的自动测试系统。

3. 接地系统

市面上有多种品牌的示波器，如泰克、普源、安泰信、优利德等。示波器型号更是多种多样，如双通道输入不隔离，四通道输入不隔离，双通道输入隔离，四通道输入隔离，等等。在输入不隔离示波器的接地系统中[图 7（a）]，探头不能同时监测不共地系统的波形，否则会出现波形错误甚至示波器烧毁。当需要同时监测不共地系统的波形时，采用输入隔离示波器接地系统，如图 7（b）所示。

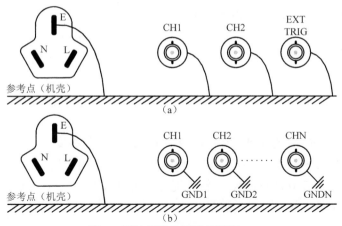

图 7　示波器接地系统示意图

下面给出的 MOS-620/640 双踪示波器与普源 DS1102E 数字示波器均是双通道输入不隔离的系统，系统只有一个参考点，如图 7（a）所示。全面的学习使用一款示波器，需要仔细阅读该产品的使用说明书。

二、MOS-620/640 双踪示波器

1. 模拟示波器的正确调整

模拟示波器的调整和使用方法基本相同，现以 MOS-620/640 双踪示波器为例。

MOS-620/640 双踪示波器的调节旋钮、开关、按键及连接器等都位于前面板，如图 8 所示。

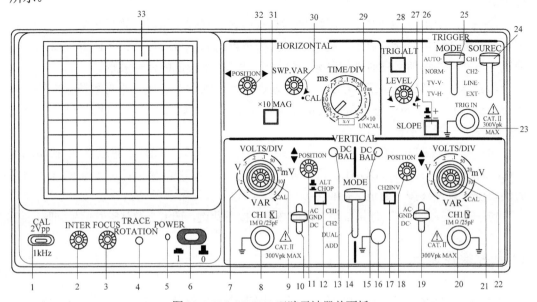

图 8　MOS-620/640 双踪示波器前面板

MOS-620/640 双踪示波器各部分作用如下。

1）示波管操作部分

6——"POWER"，主电源开关。按下此开关，其左侧的发光二极管指示灯 5 亮，表明电源已接通。

2——"INTER"，亮度调节旋钮。调节轨迹或光点的亮度。

3——"FOCUS"，聚焦调节旋钮。调节轨迹或光点的聚焦。

4——"TRACE ROTATION"，轨迹旋转。调整水平轨迹与刻度线平行。

33——显示屏。显示信号的波形。

2）垂直轴操作部分

7、22——"VOLTS/DIV"，垂直衰减旋钮。调节垂直偏转灵敏度，从 5 mV/div～5 V/div，共 10 个挡位。

8——"CH1X"，通道 1 被测信号输入连接器。在 X-Y 模式下，作为 X 轴输入端。

20——"CH2Y"，通道 2 被测信号输入连接器。在 X-Y 模式下，作为 Y 轴输入端。

9、21——"VAR"，垂直灵敏度旋钮。微调灵敏度大于或等于 1/2.5 标示值。在校正（CAL）位置时，灵敏度校正为标示值。

10、19——"AC-GND-DC"，垂直系统输入耦合开关。选择被测信号进入垂直通道的耦合方式。"AC"，交流耦合；"DC"，直流耦合；"GND"，接地。

11、18——"POSITION"，垂直位置调节旋钮。调节显示波形在荧光屏上的垂直位置。

12——"ALT"/"CHOP"，交替/断续选择按键，双踪显示时，放开此键（ALT），通道 1 与通道 2 的信号交替显示，适用于观测频率较高的信号波形；按下此键（CHOP），通道 1 与通道 2 的信号同时断续显示，适用于观测频率较低的信号波形。

13、15——"DC BAL"，CH1、CH2 通道直流平衡调节旋钮。垂直系统输入耦合开关在 GND 时，在 5 mV 与 10 mV 之间反复转动垂直衰减旋钮，调整"DC BAL"使光迹保持在零水平线上不移动。

14——"VERTICAL MODE"，垂直系统工作模式开关。CH1，通道 1 单独显示；CH2，通道 2 单独显示；DUAL，两个通道同时显示；ADD，显示通道 1 与通道 2 信号的代数或代数差（按下通道 2 的信号反向键"CH2 INV"时）。

17——"CH2 INV"，通道 2 信号反向按键。按下此键，通道 2 及其触发信号同时反向。

3）触发操作部分

23——"TRIG IN"，外触发输入端子。用于输入外部触发信号。当使用该功能时，

"SOURCE"开关应设置在 EXT 位置。

24——"SOURCE"，触发源选择开关。"CH1"，当垂直系统工作模式开关 14 设定在 DUAL 或 ADD 时，选择通道 1 作为内部触发信号源；"CH2"，当垂直系统工作模式开关 14 设定在 DUAL 或 ADD 时，选择通道 2 作为内部触发信号源；"LINE"，选择交流电源作为触发信号源；"EXT"，选择"TRIG IN"端子输入的外部信号作为触发信号源。

25——"TRIGGER MODE"，触发方式选择开关。"AUTO"（自动），当没有触发信号输入时，扫描处在自由模式下；"NORM"（常态），当没有触发信号输入时，踪迹处在待命状态并不显示；"TV-V"（电视场），当想要观察一场的电视信号时；"TV-H"（电视行），当想要观察一行的电视信号时。

26——"SLOPE"，触发极性选择按键。释放为"＋"，上升沿触发；按下为"－"，下降沿触发。

27——"LEVEL"，触发电平调节旋钮。显示一个同步的稳定波形，并设定一个波形的起始点。向"＋"旋转触发电平向上移，向"－"旋转触发电平向下移。

28——"TRIG.ALT"，当垂直系统工作模式开关 14 设定在 DUAL 或 ADD，并且触发源选择开关 24 选 CH1 或 CH2 时，按下此键，示波器会交替选择 CH1 和 CH2 作为内部触发信号源。

4）水平轴操作部分

29——"TIME/DIV"，水平扫描速度旋钮。扫描速度从 0.2 μs/div～0.5 s/div，共 20 个挡位。当设置到 X-Y 位置时，示波器可工作在 X-Y 方式。

30——"SWP VAR"，水平扫描微调旋钮。微调水平扫描时间，使扫描时间被校正至与面板上"TIME/DIV"指示值一致。顺时针转到底为校正（CAL）位置。

31——"×10 MAG"，扫描扩展开关。按下时扫描速度扩展 10 倍。

32——"POSITION"，水平位置调节旋钮。调节显示波形在荧光屏上的水平位置。

5）其他操作部分

1——"CAL"，示波器校正信号输出端。提供幅度为 $2V$pp，频率为 1 kHz 的方波信号，用于校正 10∶1 探头的补偿电容器和检测示波器垂直与水平偏转因数等。

16——"GND"，示波器机箱的接地端子。

2. 双踪示波器的正确调整与操作

正确调整和操作双踪示波器对于提高测量精度和延长仪器的使用寿命十分重要。

1）聚焦和辉度的调整

调整聚焦旋钮使扫描线尽可能细，以提高测量精度。扫描线亮度（辉度）应适当，过亮不仅会降低示波器的使用寿命，还会影响聚焦特性。

2）正确选择触发源和触发方式

触发源的选择：如果观测单通道信号，应选择该通道信号作为触发源；如果同时观测两个时间相关的信号，则应选择信号周期长的通道作为触发源。

触发方式的选择：首次观测被测信号时，触发方式应设置于"AUTO"，待观测到稳定信号后，调好其他设置，最后将触发方式开关置于"NORM"，以提高触发的灵敏度。当观测直流信号或小信号时，必须采用"AUTO"触发方式。

3）正确选择输入耦合方式

根据被观测信号的性质来选择正确的输入耦合方式。一般情况下，被测信号为直流信号或脉冲信号时，应选择"DC"耦合方式；被测信号为交流信号时，应选择"AC"耦合方式。

4）合理调整扫描速度

调节扫描速度旋钮，可以改变荧光屏上显示波形的数量。提高扫描速度，显示的波形数量减少；降低扫描速度，显示的波形数量增多。显示波形的数量不应过多，以保证时间测量的精确。

5）波形位置和几何尺寸的调整

观测信号时，波形应尽可能处于荧光屏的中心位置，以获得较好的测量线性。正确调整垂直衰减旋钮，尽可能使波形幅度占荧光屏宽度一半以上，以提高电压测量的精度。

6）合理操作双通道

将垂直工作方式开关设置到"DUAL"，两个通道的波形可以同时显示。为了观察到稳定的波形，可以通过"ALT/CHOP"（交替/断续）开关控制波形的显示效果。按下"ALT/CHOP"开关（置于 CHOP），两个通道的信号断续的显示在荧光屏上，此设定适用于观测频率较高的信号；释放"ALT/CHOP"开关（置于 ALT），两个通道的信号交替显示在荧光屏上，此设定适用于观测频率较低的信号。在双通道显示时，还必须正确选择触发源。当 CH1、CH2 信号同步时，选择任意通道作为触发源，两个波形都能稳定显示；当 CH1、CH2 信号在时间上不相关时，应按下"TRIG.ALT"（触发交替）开关，此时每一个扫描周期，触发信号交替一次，因而两个通道的波形都会稳定显示。

值得注意的是：双通道显示时，不能同时按下"CHOP"和"TRIG.ALT"开关，因为"CHOP"信号成为触发信号而不能同步显示。利用双通道进行相位和时间对比测量时，两个通道必须采用同一同步信号触发。

7）触发电平调整

调整触发电平旋钮可以改变扫描电路预置的阈值电平。向"＋"方向旋转时，阈值电平向正方向移动；向"－"方向旋转时，阈值电平向负方向移动；处在中间位置时，阈值电平设定在信号的平均值上。阈值电平过正或过负，均不会产生扫描信号。因此，触发电平旋钮应通常保持在中间位置。

3. 模拟示波器测量实例

1）直流电压的测量

（1）将示波器垂直灵敏度旋钮置于校正位置，触发方式开关置于"AUTO"。

（2）将垂直系统输入耦合开关置于"GND"，此时扫描线的垂直位置即为零电压基准线，即时间基线。调节垂直位移旋钮使扫描线落于某一合适的水平刻度线。

（3）将被测信号接到示波器的输入端，并且将垂直系统输入耦合开关置于"DC"。调节垂直衰减旋钮使扫描线有合适的偏移量。

（4）确定被测电压值。扫描线在 Y 轴的偏移量与垂直衰减旋钮对应挡位电压的乘积即为被测电压值。

（5）根据扫描线的偏移方向确定直流电压的极性。扫描线向零电压基准线上方移动时，直流电压为正极性，反之为负极性。

2）交流电压的测量

（1）将示波器垂直灵敏度旋钮置于校正位置，触发方式开关置于"AUTO"。

（2）将垂直系统输入耦合开关置于"GND"，调节垂直位移旋钮使扫描线准确地落在水平中心线上。

（3）输入被测信号，并且将输入耦合开关置于"AC"。调节垂直衰减旋钮和水平扫描速度旋钮使显示波形的幅度和数量合适。选择合适的触发源、触发方式和触发电平等使波形稳定显示。

（4）确定被测电压的峰-峰值。波形在 Y 轴方向最高点和最低点之间的垂直距离（偏移量）与垂直衰减旋钮对应挡位电压的乘积即为被测电压的峰-峰值。

3）周期的测量

（1）将水平扫描微调旋钮置于校正位置，并且使时间基线落在中心水平刻度线上。

（2）输入被测信号。调节垂直衰减旋钮和水平扫描速度旋钮等，使荧光屏上稳定显示 1～2 个波形。

（3）选择被测波形一个周期的起始点和终点，并且将起始点移动到某一垂直刻度线上以便读数。

（4）确定被测信号的周期。信号波形在 X 轴方向起始点和终点之间的水平距离与水平扫描速度旋钮对应挡位时间的乘积即为被测信号的周期。

用示波器测量信号周期时，可以测量信号 1 个周期的时间，也可以测量 n 个周期的时间，再除以周期个数 n。后一种方法产生的误差会小一些。

4）频率的测量

由于信号的频率（f）与周期（T）为倒数关系，即 $f=1/T$。因此，可以先测信号的周期，再求倒数即可得到信号的频率。

5）相位差的测量

（1）将水平扫描微调旋钮、垂直灵敏度旋钮置于校正位置。

（2）将垂直系统工作模式开关置于"DUAL"，并且使两个通道的时间基线均落在中心水平刻度线上。

（3）输入两路频率相同而相位不同的交流信号至 CH1 和 CH2，将垂直输入耦合开关置于"AC"。

（4）调节相关旋钮，使荧光屏上稳定显示两个大小适中的波形。

（5）确定两个被测信号的相位差。如图 9 所示，测出信号波形一个周期在 X 轴方向所占的格数 m（5 格），再测出两波形上对应点（如过零点）之间的水平格数 n（1.6 格），

则 u_1 超前 u_2 的相位差角 $\Delta\varphi = \dfrac{n}{m} \times 360° = \dfrac{1.6}{5} \times 360° = 115.2°$。

相位差角 $\Delta\varphi$ 正负的确定。当 u_2 滞后 u_1 时，$\Delta\varphi$ 为负；当 u_2 超前 u_1 时，$\Delta\varphi$ 为正。频率和相位差角的测量还可以采用 Lissajous 图形法，此处不进行介绍。

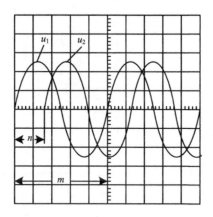

图 9　测量两正弦交流信号的相位差

三、普源 DS1102E 数字示波器

1. 操作面板

如图 10 和图 11 所示，普源 DS1102E 数字示波器操作面板主要有：开机按钮、屏幕菜单关闭按钮、多功能旋钮、主菜单功能按钮区、控制按钮区、触发控制区、水平控制区、垂直控制区、USB 接口、液晶屏幕（如图 12 所示）、屏幕功能按钮、信号输入通道、外部触发输入、探头补偿。

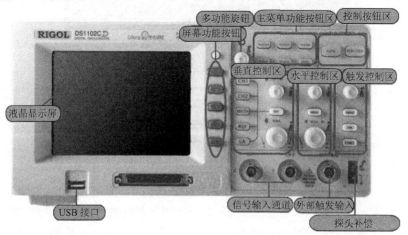

图 10　普源 DS1102E 数字示波器外观

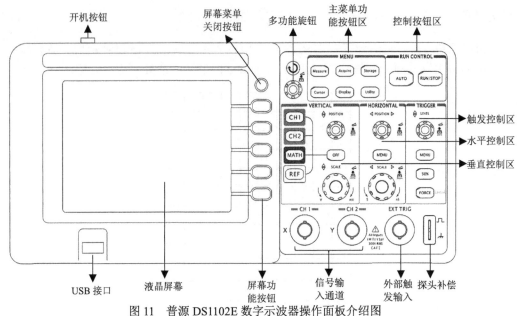

图 11　普源 DS1102E 数字示波器操作面板介绍图

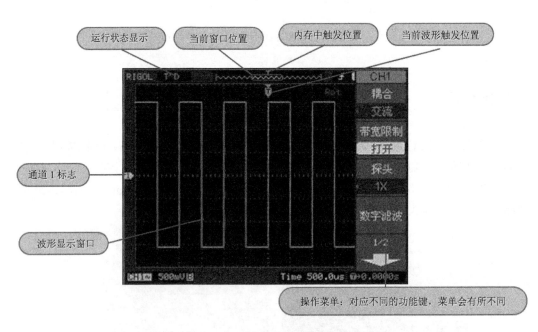

图 12　普源 DS1102E 数字示波器用户界面说明

2. 探头补偿

示波器的输入阻抗可以等效为一个电阻与一个电容的并联。电阻的阻值比较好控制，一般偏差不大，而电容则与电路设计相关，会有一定的差异。为了补偿输入电容，需要在探头的衰减挡位上设计相应的补偿电路，通过调节可调电容，补偿输入电容的差异，这就是低频补偿，所有的探头都具有该功能。未经补偿或补偿偏差的探头会导致测量误差或错误。

按图 13（a）补偿接线，接通电源，按下开机按钮，在操作面板的右上角按下"AUTO"，按照探头及菜单系数位置图（图 14），将探头设定在 10× 的挡位，并且利用屏幕功能按钮在屏幕菜单中设定探头的比例为 10× 挡（按"CH1"功能键显示通道 1 的操作菜单，按下 3 号屏幕功能按钮，选择与探头同比例的衰减系数，此处设定应为 10×），观测显示的波形。若波形如图 13（d）所示，则补偿正确；若如图 13（c）、图 13（e）所示，则按图 13（b）用非金属质地的改锥调整探头上的可变电容，直到屏幕显示的波形如图 13（d）为止。

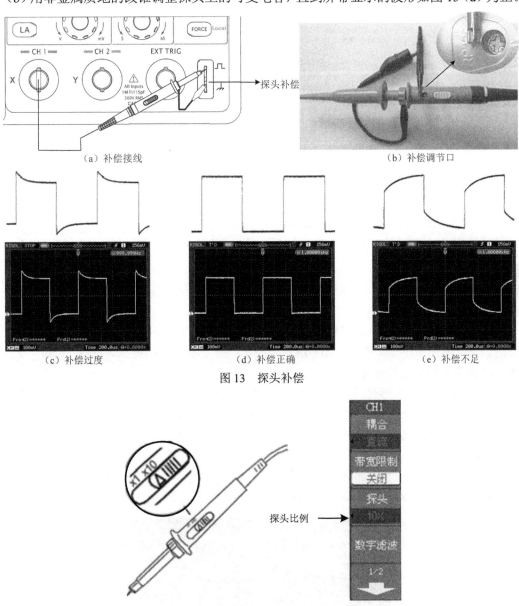

（a）补偿接线　　　　　　　　　　　　　　（b）补偿调节口

（c）补偿过度　　　　　　　　（d）补偿正确　　　　　　　　（e）补偿不足

图 13　探头补偿

探头比例 →

图 14　探头及菜单系数位置图

3. 垂直操作系统

如图 15 所示，在垂直控制区（VERTICAL）有一系列的按键、旋钮。下面介绍垂直操作系统的设置。

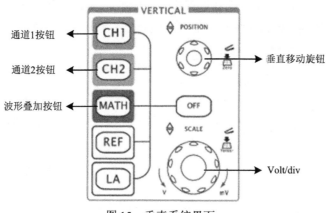

图 15　垂直系统界面

（1）使用通道 1，根据接线图将补偿测试线路完整的连接；

（2）接上电源且按下开机按钮，在操作面板的右上角按下"AUTO"，屏幕上将会出现方波；

（3）使用屏幕菜单关闭按钮"MENU-ON/OFF"将屏幕上的菜单关闭（波形的显示范围变宽）；

（4）使用垂直移动旋钮"POSITION"顺时针与逆时针旋转调整，使波形窗口居中显示信号，如图 16（a）、图 16（b）所示（提示：按下垂直移动旋钮"POSITION"可以使波形快速回到垂直零点）；

（5）使用通道 2，根据补偿接线图将补偿测试线路完整的连接，按下"CH2"，然后在操作面板的右上角按下"AUTO"，屏幕上将会出现两路方波；

（6）使用 Volt/div 旋钮"SCALE"将波形调整到合适的位置，如图 16（c）、图 16（d）所示；

（7）按下波形叠加按钮"MATH"，屏幕将会出现第三条波形（A+B 的波形，还可以在屏幕菜单中选择 A–B、A×B、FFT 的波形）。

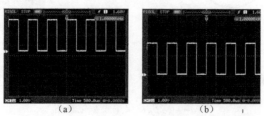

（a）　　　　　　　　　　　　　（b）

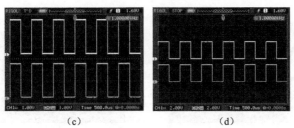

（c）　　　　　　　　　　（d）

图 16　垂直操作系统操作过程波形图

4. 水平操作系统

如图 17 所示，在水平控制区（HORIZONTAL）有一个按键、两个旋钮。下面练习水平时基的设置。

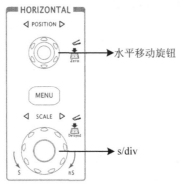

图 17　水平系统界面

（1）使用通道 1，根据补偿接线图将补偿测试线路完整的连接；

（2）接上电源，按下开机按钮，在操作面板的右上角按下"AUTO"，屏幕上将会出现方波；

（3）使用屏幕菜单关闭按钮将屏幕上的菜单关闭（波形的显示范围变宽）；

（4）为了方便观测，使用 s/div 旋钮"SCALE"将时间轴展开，如图 18（a）、图 18（b）（s/div 旋钮扫描范围为：2 ns～50 s）所示；

（5）使用水平移动旋钮"POSITION"顺时针与逆时针旋转，使波形在窗口左右移动，便于观察，如图 18（c）、图 18（d）所示（提示：按下水平移动旋钮"POSITION"可以使波形快速回到水平零点）。

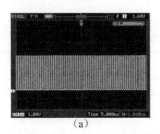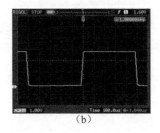

（a）　　　　　　　　　　（b）

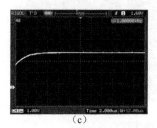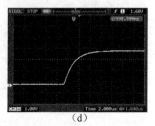

(c)   (d)

图 18　水平操作系统操作过程波形图

5. 通道参数设置

每个通道都有独立的垂直菜单，包含耦合方式、带宽限制、探头比例、数字滤波、挡位调节、反相设置，如图 19 所示。

功能菜单	设定	说明
耦合	交流 直流 接地	阻挡输入信号的直流成分。 通过输入信号的交流和直流成分。 断开输入信号。
带宽限制	打开 关闭	限制带宽至 20MHz，以减少显示噪音。 满带宽。
探头	1X 5X 10X 50X 100X 500X 1000X	根据探头衰减因数选取其中一个值，以保持垂直标尺读数准确。
数字滤波	/	设置数字滤波
（下一页）	1/2	进入下一页菜单（以下均同，不再说明）
（上一页）	2/2	返回上一页菜单（以下均同，不再说明）
位调节	粗调 微调	粗调按 1-2-5 进制设定垂直灵敏度。 微调则在粗调设置范围之间进一步细分，以改善垂直分辨率。
反相	打开 关闭	打开波形反向功能。 波形正常显示。

图 19　屏幕菜单说明图

6. 常用菜单说明

表 1 介绍了显示功能菜单。

表 1　显示功能菜单说明表

功能菜单	设定	说明
显示类型	矢量点	采样点之间通过连接的方式显示直接显示采样点
清除显示	/	清除所有屏幕显示波形

续表

功能菜单	设定	说明
波形保持	关闭无限	记录点以高刷新率变化; 记录点一致保持,直至波形保持功能被关闭
波形亮度	↻ <波形亮度>	设置波形亮度
屏幕网格	（网格图标）	打开背景网格及坐标; 关闭背景网格; 关闭背景网格及坐标
网格亮度	↻ <网格亮度>	设置网络亮度
菜单保持	1s、2s、5s、10s、 20s、无限	设置隐藏菜单时间,菜单将在最后一次按键动作后的 设置时间内隐藏
屏幕	普通 反相	设置屏幕为正常显示模式; 设置屏幕为反向显示模式

7. 存储

在主菜单功能按钮区按下存储设置按钮"STORAGE",液晶屏幕将会呈现存储操作菜单栏,其详细的说明如图 20 所示。利用屏幕功能按钮选择存储类型,这里设置为"位图存储"→"外部存储"→"新建文件"→利用多功能旋钮的进行对文件的命名→"保存",波形存储完成(图 21)。

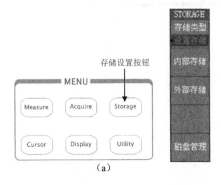

功能菜单	设定	说明
存储类型	波形存储 设置存储 位图存储 CSV 存储 出厂设置	设置保存、调出波形操作 设置保存、调出设置操作 设置新建、删除位图文件操作 设置新建、删除 CSV 文件操作 设置调出出厂设置操作
内部存储	/	进入内部存储菜单
外部存储	/	进入外部存储菜单
磁盘管理	/	进入磁盘管理菜单

(a)　　　　　　(b)

图 20　存储文件功能说明图

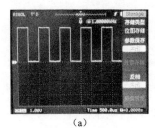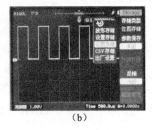

(a)　　　　　　(b)

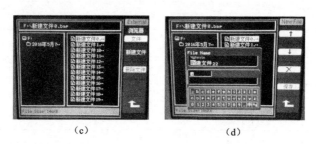

（c）　　　　　　　　　　　（d）

图 21　存储文件操作过程图

注意：外部存储时，必须在示波器的 USB 接口接上存储器，否则示波器不会显示"外部存储"命令栏。

8. 测量

普源 DS1102E 数字示波器可对波形的电压与时间进行测量。电压参数包含峰-峰值、最大值、最小值、平均值、均方根值、顶端值、低端值；时间参数包含信号的频率、周期、上升时间、下降时间、正脉宽、负脉宽、延迟 1→2↑、延迟 1→2↓、正占空比、负占空比。图 22 和图 23 表述了一系列电压参数与时间参数的物理意义。

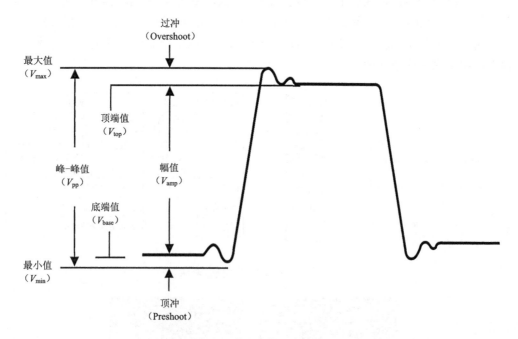

图 22　电压参数示意图

峰-峰值（V_{pp}）：波形最高点波峰至最低点的电压值。

最大值（V_{max}）：波形最高点至 GND（地）的电压值。

最小值（V_{min}）：波形最低点至 GND（地）的电压值。

幅值（V_{amp}）：波形顶端至底端的电压值。

顶端值（V_{top}）：波形平顶至 GND（地）的电压值。

底端值（V_{base}）：波形平底至 GND（地）的电压值。

过冲（Overshoot）：波形最大值与顶端值之差与幅值的比值。

预冲（Preshoot）：波形最小值与底端值之差与幅值的比值。

平均值（Average）：单位时间内信号的平均幅值。

均方根值（V_{rms}）：即有效值。依据交流信号在单位时间内所换算产生的能量，对应于产生等值能量的直流电压，即均方根值。

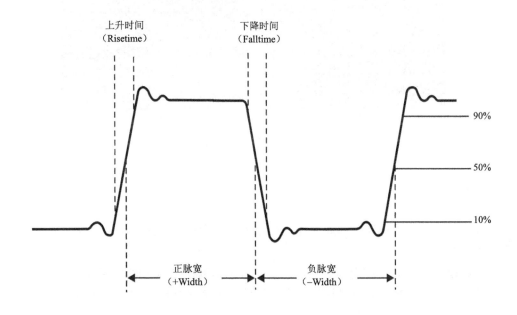

图 23　时间参数示意图

上升时间（Risetime）：波形幅度从 10%上升至 90%所经历的时间。

下降时间（Falltime）：波形幅度从 90%下降至 10%所经历的时间。

正脉宽（+Width）：正脉冲在 50%幅度时的脉冲宽度。

负脉宽（−Width）：负脉冲在 50%幅度时的脉冲宽度。

延迟 1→2↑（Delay1→2↑）：通道 1、2 相对于上升沿的延时。

延迟 1→2↓（Delay1→2↓）：通道 1、2 相对于下降沿的延时。

正占空比（+Duty）：正脉宽与周期的比值。

负占空比（−Duty）：负脉宽与周期的比值。

操作：在主菜单功能按钮区按下自动测量按钮"MEASURE"→打开全部测量（图 24）。

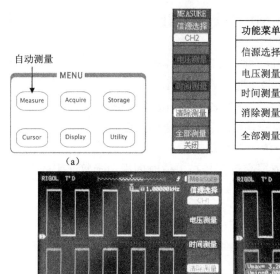
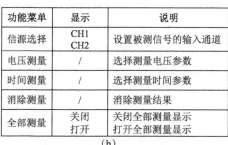
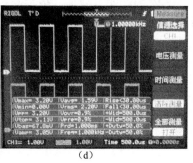

图 24　自动测量功能说明图

9. 其他

光标模式允许用户通过移动光标进行测量，分为三种模式：手动模式、追踪模式和自动测量模式。

手动模式：光标 X 或光标 Y 成对出现，可手动调整光标之间的距离。

追踪模式：水平与垂直光标构成十字光标，十字光标自动定位在波形上，能显示光标点的坐标。

自动测量模式：系统显示对应的电压或时间光标，以揭示测量的物理意义。

耦合指两个或两个以上的电路元件、电网络等的输入与输出之间存在紧密配合与相互影响，并且通过相互作用从一侧向另一侧传输能量的现象。示波器的输入耦合方式即输入信号的传输方式，一般为直接耦合方式，分 DC 耦合和 AC 耦合两种。

DC 耦合：DC 耦合方式为信号提供直接的连接通路。信号的所有分量（AC 和 DC）均会影响示波器的波形显示。

AC 耦合：AC 耦合方式则在 BDC 端和衰减器之间串联一个电容，信号的 DC 分量就被阻断，而信号的低频 AC 分量也将受阻或大为衰减。示波器的低频截止频率是示波器显示的信号幅度仅为其真实幅度 71% 时的信号频率，主要取决于其输入耦合电容的数值。示波器的低频截止频率典型值为 10Hz。

自动设置：自动设置仪器各项控制值，以产生适宜观察的波形（表 2）。

运行/停止：运行和停止波形采样。

表 2　自动设置功能菜单说明表

功能菜单	设定	说明
多周期	/	设置屏幕自动显示多个周期信号
单周期	/	设置屏幕自动显示单个周期信号
上升沿	/	自动设置且显示上升时间
下降沿	/	自动设置且显示下降时间
撤销	/	撤销自动设置,返回前一状态

　　另外,触发控制功能主要因存储深度与 LCD 显示有限而引入的,设定触发条件后,在满足触发条件时,示波器采集数据,并且采集一屏的数据后停止,可以观察到暂态变化较快信号的完整信号。

附录3 LCR电桥测试仪使用指南

LCR 电桥测试仪是能够精确测量电感、电容、电阻、阻抗的仪器，这是一个传统习惯的名称。随着现代模拟和数字技术的发展，当 LCR 电桥测试仪加入了微处理器后称为 LCR 数字电桥测试仪；此外还有许多种称呼，如 LCR 测试仪、LCR 电桥、LCR 表、数字电桥、LCR-Meter 等。传统的 LCR 电桥测试仪原理图如图 1（a）所示。

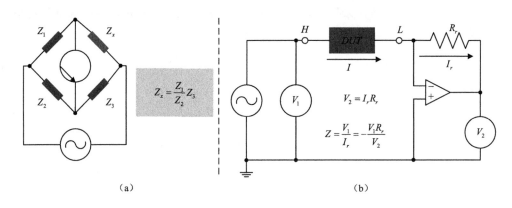

(a)　　　　　　　　　　　　　　　(b)

图 1　LCR 电桥测试仪原理图

在高速运算放大器不断出现与微处理器技术迅速提高的背景下，现在测量阻抗大部分使用自动平衡电桥法。由信号源发生一个一定频率和幅度的正弦交流信号，这个信号加到被测件 DUT 上，产生电流流到虚地"0V"，由于运放输入电流为零，所以流过待验证设计部分（design under test，DUT）的电流完全流过 R_r，根据欧姆定律，DUT 的阻抗 $Z=V_1\times R_r/V_2$。因为运算放大器虚地功能的引入，使这种测量方法的精度和抗干扰能力产生了质的飞跃，如图 1（b）所示。因为运算放大器的"虚短虚断"，可知被测阻抗两端的电压为 V_1，标准阻抗两端电压为 V_2。被测阻抗 $Z=R+\mathrm{j}X$，所以 $X=|Z|\sin\varphi$。其中 $|Z|=\dfrac{|V_1|}{|V_2|}\times R_r$，并且 φ 是被测阻抗两端电压与流经被测阻抗的电流之间的相位角。又因为流经被测阻抗的电流与流经标准阻抗的电流是同一个电流，所以电压与电流之间的相位差也就是两个电压（V_1 和 V_2）之间的相位差。

图 2 　 LCR 数字电桥测试仪实物图

目前，市面上 LCR 电桥测试仪大多是 LCR 数字电桥测试仪（图 2），品牌有许多种，如胜利、同惠、汇高、优利德等，型号更是多种多样。想全面的学习使用一款 LCR 电桥测试仪，需要仔细阅读该产品的使用说明书。

以下将 TH2811D 型 LCR 数字电桥测试仪为例说明。

为保证仪器精确测量，开机预热时间应不少于 15 min 以使机内达到热平衡（提示：未经过预热便使用仪器，精度会有所下降）；持续工作时间应不多于 16 h。

一、操作面板

TH2811D 型 LCR 数字电桥测试仪的操作面板包含：液晶屏幕、开关机按钮、功能按钮区、测量输入口和接地口，如图 3 所示。

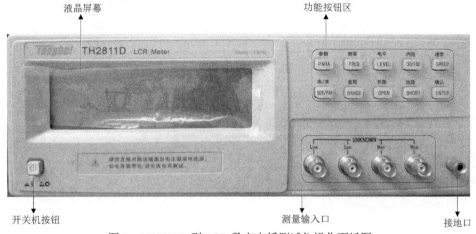

图 3 　 TH2811D 型 LCR 数字电桥测试仪操作面板图

功能按钮区说明：

"PARA"键，测量参数选择键；"SHORT"键，短路清零键；"FREQ"键，频率设定键；"ENTER"键，开路/短路清零确认键；"LEVEL"键，电平选择键；"OPEN"键，开路清零键；"30/100"键，信号源内阻选择键；"RANGE"键，量程锁定/自动设定键；"SPEED"键，测量速度选择键；"SER/PAR"键，串/并联等效方式选择键。

测量输入口说明：

H_{CUR}，电流激励高端；L_{POT}，电压取样低端；H_{POT}，电压取样高端；L_{CUR}，电流激励低端。

注意：我国的单相电标准为 220 VAC/50 Hz，在接入单相电时要确保示波器的电源接线插座（图4）电源规格与市电匹配。

图4　电源接线插座图

二、显示区域定义

TH2811D型LRC数字电桥测试仪的显示屏显示的内容划分为如下的显示区域（图5）。

图5　显示区域定义

　　1——主参数指示（指示用户选择测量元件的主参数类型）。"L"点亮，电感值测量；"C"点亮，电容值测量；"R"点亮，电阻值测量；"Z"点亮，阻抗值测量。

　　2——信号源内阻显示。"30 Ω"点亮，信号源内阻为 30 Ω；"100 Ω"点亮，信号源内阻为 100 Ω。

　　3——量程指示（指示当前量程状态和当前量程号）。"AUTO"点亮，量程自动状态；"AUTO"熄灭，量程保持状态。

　　4——串/并联模式指示。"SER"点亮，串联等效电路的模式；"PAR"点亮，并联等效电路的模式。

　　5——测量速度显示。"FAST"点亮，快速测试；"MED"点亮，中速测试；"SLOW"点亮，慢速测试。

　　6——测量信号电平指示。"0.1 V"，当前测试信号电压为 0.1 V；"0.3 V"，当前测试信号电压为 0.3 V；"1.0 V"，当前测试信号电压为 1.0 V。

　　7——测量信号频率指示。"120 Hz"点亮，当前测试信号频率为 120 Hz；"1 kHz"点亮，当前测试信号频率为 1 kHz；"100 kHz"点亮，当前测试信号频率为 100 kHz。

　　8——主参数测试结果显示。显示当前测量主参数值。

　　9——主参数单位显示（用于显示主参数测量结果的单位）。电感单位：μH、mH、H，电容单位：F、pF、nF、μF、mF，电阻/阻抗单位：Ω、kΩ、MΩ。

　　10——副参数测试结果显示。指示当前测量副参数值。

　　11——副参数指示。指示用户选择测量元件的副参数类型。D，损耗因数；Q，品质因数；θ，相位角。

三、基本性能指标

1. 等效电路转换

　　一般地，对于低值阻抗元件（基本是高值电容和低值电感）使用串联等效电路，反之，对于高值阻抗元件（基本是低值电容和高值电感）使用并联等效电路。同时，也须根据元件的实际使用情况而决定其等效电路，如电容用于电源滤波时使用串联等效电路，而用于 LC 振荡电路时使用并联等效电路，具体如表 1 所示。

表 1　等效电路转换

电路形成		损耗 D	等效方式转换
L		$D=2\pi f L_p / R_p = 1/Q$	$L_p = L_s \times (1+D^2)$ $R_p = R_s (1+D^2)/D^2$
		$D=R_s / 2\pi f L_s = 1/Q$	$L_s = L_p /(1+D^2)$ $R_p = R_s (1+D^2)/D^2$

续表

电路形成	损耗 D	等效方式转换
C	$D=1/2\pi f C_p R_p=1/Q$	$C_s=C_p/(1+D^2)$ $R_s=R_p D^2/(1+D^2)$
	$D=1/2\pi f C_s R_s=1/Q$	$C_p=C_s/(1+D^2)$ $R_p=R_s(1+D^2)/D^2$

$Q=X_s/R_s$，$D=R_s/X_s$，$X_s=1/2\pi f C_s=2\pi f L_s$。注：元件参数中，下标 s 表示串联等效，p 表示并联等效。

2. 测量显示范围

测量显示范围如表 2 所示。

表 2　测量显示范围

参数	频率	测量范围
L	100 Hz、120 Hz	1 μH～9 999 H
	1 kHz	0.1 H～999.9 H
	10 kHz	0.01 μH～99.99 H
C	100 Hz、120 Hz	1 pF～19 999 μF
	1 kHz	0.1 pF～1 999.9 μF
	10 kHz	0.01 pF～19.99 μF
R		0.1 mΩ～99.99 MΩ
Q		0.000 1～9 999
D		0.000 1～9.999

四、测量元件

以测量电阻为例：

（1）将红测量夹子接到 H_{CUR} 与 H_{POT}，黑测量夹子接到 L_{CUR} 与 L_{POT}；

（2）接上电源线，按下开关机按钮，液晶屏幕出现上一次关机前调整的参数（量程除外），如测量主参数 C，内阻为 100 Ω，自动测量 AUTO 0，测量速度 SLOW，测量信号电平 1.0 V，测量信号频率 1 kHz，等等，如图 6 所示；

（3）此时可以连续按下"PARA"键直到测量主参数为 R，使用测量夹子将待测电阻夹紧（尽量使得测量夹子不接触其他物体，以免干扰测量值）；

（4）连续按下"SPEED"键可以调节测量的速度，这里选择 SLOW（速度越慢，精度越高）；

（5）按下"RANGE"键可以使得机器在自动测量模式，右下角出现 AUTO 0 表示在自动模式下运行；

（6）主参数显示的数字为电阻的阻值。

注意：在使用 LCR 电桥测试仪测量电容时，需要将电容放电。

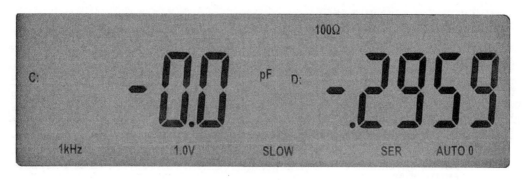

图 6　液晶屏界面图

附录 4 色环电阻鉴别表

色环电阻鉴别方法如图 1 所示。

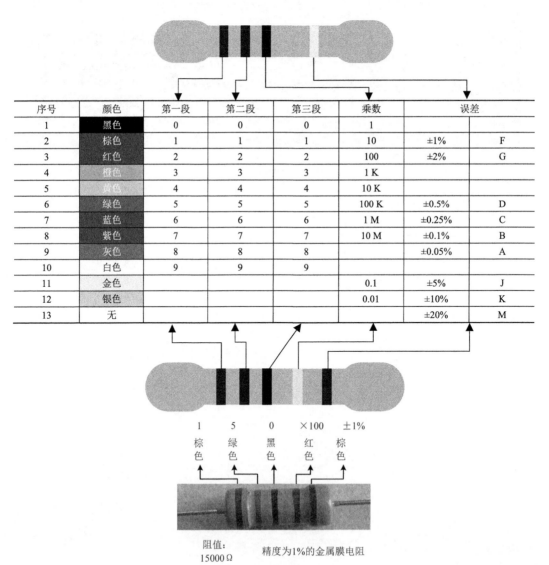

序号	颜色	第一段	第二段	第三段	乘数	误差	
1	黑色	0	0	0	1		
2	棕色	1	1	1	10	±1%	F
3	红色	2	2	2	100	±2%	G
4	橙色	3	3	3	1 K		
5	黄色	4	4	4	10 K		
6	绿色	5	5	5	100 K	±0.5%	D
7	蓝色	6	6	6	1 M	±0.25%	C
8	紫色	7	7	7	10 M	±0.1%	B
9	灰色	8	8	8		±0.05%	A
10	白色	9	9	9			
11	金色				0.1	±5%	J
12	银色				0.01	±10%	K
13	无					±20%	M

1   5   0   ×100   ±1%
棕色 绿色 黑色 红色 棕色

阻值：
15000 Ω   精度为1%的金属膜电阻

图 1 色环电阻的鉴别方法

附录 5　电烙铁焊接与焊点工艺要求

焊接技术在电子工业中的应用非常广泛，最普遍、最具有代表性的是锡焊法焊接（锡焊）。锡焊是焊接的一种方法，是将焊件和熔点比焊件低的焊料共同加热到焊料的熔点温度，在焊件不熔化的情况下，焊料熔化且浸润焊接面，依靠二者的扩散形成焊件的连接。

一、电烙铁使用

1. 电烙铁与焊锡的握法

为了使焊件焊接牢靠，并且不烫伤焊件周围的元件及导线，视焊件的位置、大小及电烙铁的规格，适当地选择电烙铁的握法十分重要。掌握正确的操作姿势，可以保障操作者的人身安全，减少焊剂加热时挥发的化学物质对人体的危害，减少有害气体的吸入量。一般情况下，电烙铁到鼻子的距离应不少于 20 cm，通常以 30 cm 为宜。电烙铁的握法可分为三种，如图 1（a）～图 1（c）所示。

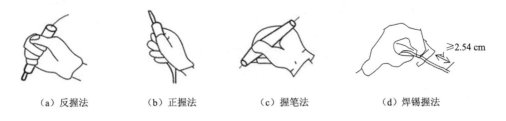

　　（a）反握法　　　　　（b）正握法　　　　　（c）握笔法　　　　　（d）焊锡握法

图 1　电烙铁与焊锡的握法示意图

2. 焊接

1）焊件加热

加热时，应使焊件上需要焊锡浸润的各部分均匀受热，而不是仅加热焊件的一部分，对于热容量相差较多的两个部分，加热应偏向需热较多的部分。但不要采用电烙铁对焊件增加压力的方法，以免造成焊件损坏或不易觉察的隐患。正确的方法是根据焊件的形状选用不同的电烙铁头，或者自己修正电烙铁头，让电烙铁头与焊件形成面的接触，而不是点或线的接触，从而提高效率。电烙铁加热方法如图2所示。

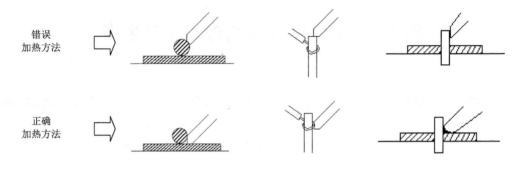

图2　电烙铁加热方法

在非流水线作业中，一次焊接的焊点形状是多种多样的，操作人员不可能不断更换电烙铁头。要提高电烙铁头的工作效率，需要形成热量传递的焊锡桥。如图3所示。

焊锡桥，是在电烙铁头上保留少量的焊锡作为加热时电烙铁头与焊件之间传热的桥梁。显然，由于金属液的导热效率远高于空气，所以焊件很快加热到焊接温度。应注意焊锡桥的保留量不宜过多，以免造成焊点误连。

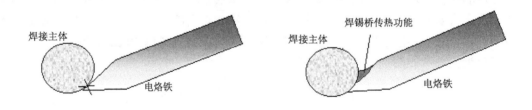

图3　电烙铁焊锡桥加热方法

2）焊锡用量

手工焊接常使用管状的焊锡丝，内部装有松香和活化剂制成的助焊剂。焊锡丝的直径有 0.5 mm，0.8 mm，1.0 mm，……，5.0 mm 等多种规格，要根据焊点的大小选用。一般情况下，焊锡丝的直径应略小于焊盘的直径。

焊锡用量过多不但浪费材料，还增加焊接时间，降低工作效率。更为严重的是，焊锡用量过多容易造成不易察觉的短路故障。焊锡用量过少无法使焊件形成牢固的结合，同样是不利的。特别是焊接印制板引出导线时，焊锡用量过少，极容易造成导线脱落。如图4所示。

　（a）焊锡用量过多，浪费材料　　　（b）焊锡用量合适，焊点合格　　　（c）焊锡用量过少，强度差

图 4　焊锡用量的影响

3）电烙铁撤离

电烙铁的撤离角度与方向均会影响焊点工艺，图 5 为电烙铁不同的撤离角度与方向对焊料的影响的示意图。

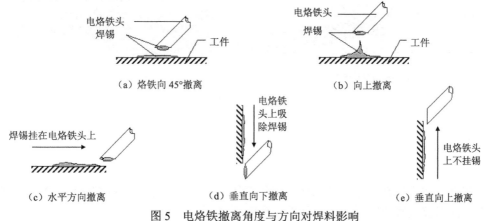

图 5　电烙铁撤离角度与方向对焊料影响

3. 拆焊

1）合适的空芯针头拆焊

将医用针头锉平作为拆焊的工具，具体方法是：一边用电烙铁熔化焊点，一边将针头套在被焊的元件引脚上，直至焊点熔化后，将针头迅速插入印制电路板的内孔，使元件的引脚与印制电路板的焊盘脱开，如图 6 所示。

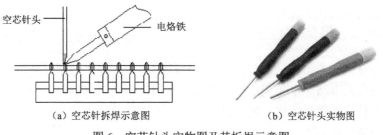

　　　（a）空芯针拆焊示意图　　　　　　　（b）空芯针头实物图

图 6　空芯针头实物图及其拆焊示意图

2）铜编织线拆焊

将部分铜编织线浸上松香焊剂，然后放在将要拆焊的焊点上，再将电烙铁放在铜编织线上加热焊点，待焊点上的焊锡熔化后就被铜编织线吸去，如图7所示。如果焊点上的焊锡没有一次吸净，则重复操作，直至吸净。当铜编织线吸满焊料后就不能再次使用，需要剪去已吸满焊料的部分。

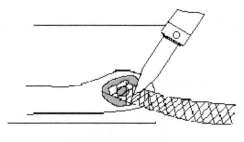

（a）铜编织线拆焊示意图　　　　　　　　　　（b）铜编织线实物图

图7　铜编织线实物图及其拆焊示意图

3）吸锡器拆焊

将被拆的焊点加热，使焊料熔化，然后挤压吸锡器，将吸嘴对准熔化的焊料后放松吸锡器，焊料就被吸进吸锡器内，如图8所示。

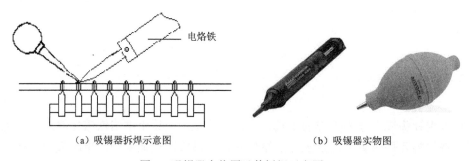

（a）吸锡器拆焊示意图　　　　　　　　　　（b）吸锡器实物图

图8　吸锡器实物图及其拆焊示意图

4）专用拆焊电烙铁拆焊

专用拆焊电烙铁能一次完成多引线脚元件的拆焊，而且不易损坏印制电路板及其周围的元件。如集成电路、中频变压器等可使用专用拆焊电烙铁拆焊。拆焊时也应注意加热时间不能太长，当焊料熔化，应立即取下元件，同时移开专用拆焊电烙铁。如果加热时间略长，会使焊盘脱落。

4. 电烙铁使用注意事项

（1）新的电烙铁不能立即使用，必须对电烙铁进行处理后才能正常使用，即在使用前给电烙铁头镀上一层焊锡。

具体方法是：连接电源，当电烙铁头温度升至能熔锡时，将松香涂在电烙铁头上，松香冒烟后再涂一层焊锡，如此进行 2～3 次，使电烙铁头的刃面挂上一层焊锡便可使用。当电烙铁使用一段时间后，电烙铁头的刃面及其周围会形成一层氧化层，产生"吃锡困难"的现象，此时可锉去氧化层，重新镀上焊锡。

（2）焊接集成电路与晶体管时，电烙铁头的温度不能太高且时间不能过长；可以适当地调整电烙铁头插在电烙铁芯上的长度，从而控制电烙铁头的温度。

（3）电烙铁不宜长时间通电而不使用，因为这样容易使电烙铁芯加速氧化而烧断，同时也将使电烙铁头因长时间加热而氧化，甚至被烧"死"，不再"吃锡"。

（4）更换电烙铁芯时，要注意引线不要接错，电烙铁有三个接线柱，其中一个接地，另外两个接电烙铁芯的两根引线（通过电源线直接与 220 V 交流电源相接）。如果将 220 V 交流电源线错接到接地线的接线柱，则电烙铁外壳将会带电，焊件也会带电，导致发生触电事故。

（5）电烙铁在焊接时，最好选用松香焊剂以保护电烙铁头不被腐蚀。氯化锌和酸性焊油对电烙铁头的腐蚀性较大，使电烙铁头的寿命缩短，因而不宜采用。电烙铁应放在电烙铁架上，必须轻拿轻放，不能将电烙铁上的锡乱抛。

二、焊 点 工 艺

良好的焊点具备下面特点：

（1）结合性好——光泽度良好且表面是凹形曲线。

（2）导电性佳——不在焊点处形成高电阻（不在凝固前移动零件），不造成短路或断路。

（3）散热性良好——扩散均匀，全扩散。

（4）易于检验——除高压点外，焊锡不得太多，须使零件轮廓清晰可辨。

（5）易于修理——勿使零件叠架装配，特殊情况当由制造工程师说明。

（6）不伤及零件——勿烫伤零件或加热过久（常伴随松香焦化）损及零件寿命。

焊接的基本要求：焊点必须牢固，焊锡必须充分渗透，焊点表面光滑，防止出现"虚焊"、"夹生焊"。"虚焊"的原因是焊件表面未清除干净或焊剂太少，使焊锡不能充分流动，造成焊件表面挂锡太少，焊件之间未能充分固定。"夹生焊"的原因是电烙铁温度低或焊接时电烙铁停留时间太短，焊锡未能充分熔化。研究表明：沙漏形焊点的疲劳寿命远大于柱形和桶型焊点的疲劳寿命。图 9 为常见几种元件的正确焊点示意图。表 1 和表 2 总结了不良焊点外貌形成原因。

   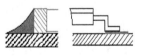

（a）圆柱贴片焊点　　　　（b）直插元件焊点　　　　（c）贴片元件焊点

图 9　正确焊点示意图

表 1　直插元件焊点标准与缺陷分析

类型	不良焊点形貌	说明要点	原因
虚焊（1）		元件引脚未完全被焊锡润湿，焊料在引脚上润湿大于 90°	1、元件可焊引线可焊性不良； 2、元件热容大，引线未达到焊接温度； 3、助焊剂选用不当或已失效； 4、引线局部被污染
虚焊（2）		元件引脚和印制板焊盘未完全被焊锡润湿，焊锡在焊盘和引脚上的润湿角大于 90° 且回缩呈球形	1、焊盘和引脚可焊性均不良； 2、助焊剂选用不当或已失效； 3、焊盘处铜箔热容大，未达到焊接温度； 4、焊盘局部被污染
虚焊（3）		元件引脚和印制板焊盘未完全被焊锡润湿，焊锡在焊盘和引脚上的润湿角大于 90° 且回缩呈球形	1、焊盘和引脚可焊性均不良； 2、助焊剂选用不当或已失效； 3、焊盘处铜箔热容大，未达到焊接温度； 4、焊盘局部被污染
半边焊		元件引脚和印制板焊盘均被焊锡良好润湿，但焊盘上焊锡未完全覆盖，插入孔时有露出	1、元件引脚与焊盘孔间隙配合不良，D−d＞0.5 mm（D：焊盘孔径，d：元件引脚直径）； 2、元件引脚包封树脂部分进入插入孔中
拉尖		元件引脚端部有焊锡拉出呈锥状	1、波峰焊时，峰面流速与印制板传输速度不一致； 2、波峰焊时，由于预热温度不足导致热容大的焊点的实际焊接温度下降； 3、波峰焊时，助焊剂在焊点脱离峰面时已无活性； 4、焊锡中杂质含量超标

续表

类型	不良焊点形貌	说明要点	原因
气泡		焊点内外有针眼或大小不等的孔穴	1、波峰焊时，预热温度或预热时间不够，导致助焊剂中溶剂未充分挥发； 2、波峰焊时，设备缺少有效驱赶气泡装置（如喷射波）； 3、元件引脚或印制板焊盘在化学处理时，化学品未清洗干净； 4、金属化孔内有裂纹且受潮气侵袭
毛刺		焊点表面不光滑，有时伴有熔接痕迹	常发生在电烙铁焊中，原因是： 1、焊接温度或时间不够； 2、选用焊料成分配比不当，液相点过高或润湿性不好； 3、焊接后期助焊剂已失效
引脚太短		元件引脚没有伸出焊点	1、人工插件未到位； 2、焊接前元件因震动而位移； 3、焊接时因可焊性不良而浮起； 4、元件引脚成型过短
焊盘剥离		焊盘铜箔与基板材料脱开或被焊料熔蚀	常发生在电烙铁焊中，原因是： 1、电烙铁温度过高； 2、电烙铁接触时间过长
焊料过多		元件引脚端被埋，焊点的弯月面呈明显的外凸圆弧	常发生在电烙铁焊中，原因是： 1、焊料供给过量； 2、电烙铁温度不足，润湿不好，不能形成弯月面； 3、元件引脚或印制板焊盘局部不润湿； 4、选用焊料成分配比不当，液相点过高或润湿性不好
焊料过少		焊料在焊盘和引脚上的润湿角<15°或呈环形回缩状态	1、波峰焊后润湿角<15°时，印制板脱离波峰的速度过慢，回流角度过大，元件引脚过长，波峰温度设置过高； 2、印制板上的阻焊剂侵入焊盘（焊盘环状不润湿或弱润湿）
焊料疏松无光泽		焊点表面粗糙无光泽或有明显龟裂现象	常发生在电烙铁焊中，原因是： 1、焊接温度过高或焊接时间过长； 2、焊料凝固前受到震动； 3、焊接后期助焊剂已失效

续表

类型	不良焊点形貌	说明要点	原因
开孔		焊盘和元件引脚均润湿良好，但总是呈环状开孔	焊盘内径周边有氧化毛刺（常见于印制板焊盘人工钻孔后，未及时防氧化处理或加工至使用时间间隔过长）
引线局部不润湿		元件引脚弯曲后外侧部分不润湿，有的明显暴露于焊点之外形成孔穴，多数在焊点与引脚交汇处呈环状裂纹	常发生在自动插入元件的焊点中，原因是： 1、元件引脚镀层质量差，元件引脚自动插入打弯时，外侧镀层受拉应力作用而开裂甚至脱落； 2、自动插入与自动焊接之间时间间隔过长（一般<96 h，梅雨季节适当缩短）
引线单面不润湿		出现在双面（非金属化孔）印制板的混装工艺中。典型工艺：①A面机插光线；②A面波峰焊接；③B面点胶贴片固化；④A面机插元件；⑤B面波峰焊接。结果：B面所有光线引脚不可焊接且部分焊盘出现弱润湿	由于焊接工艺中使用了低残留、免清洗助焊剂（如某公司3015型产品），经过工序②和工序③的加热（T=100～250℃，t>120 s），通过印制板工序②渗入B面的助焊剂，已在光线引脚和部焊盘上合成为难溶解相对于助焊剂树脂
焊料球		焊料在焊盘和引脚上呈球状	1、一般原因见不良焊点形状中气孔部分； 2、波峰焊时，印制板通孔较少或较小时，气体易在焊点成型区产生高压气流； 3、焊料含氧高，并且在焊接后期助焊剂已失效； 4、在表面安装工艺中，焊料质量差（金属含氧超标、介质失效），焊接曲线预热段升温过快，环境相对湿度较高造成焊料吸湿
桥接		相邻焊点之间的焊料连接在一起	1、焊接温度、预热温度不足； 2、焊接后期助焊剂已失效； 3、印制板脱离波峰的速度过快，回流角度过小，元件引脚过长或过密； 4、印制板传送方向设计或选择不恰当； 5、波峰面不稳有湍流

表 2　SMT 贴片元件焊点标准与缺陷分析

项目	不良焊点形貌	说明要点	检测工具	判定基准
元件的位置	W	接头电极之幅度 W 的 1/2 以上盖在导通面上。注意事项：不能以测试器确认元件位置的偏移时，应用放大镜目测。	卡尺	1/2 以上

续表

项目	不良焊点形貌	说明要点	检测工具	判定基准
元件的位置		接头电极之长度 E 的 1/2 以上盖在导通面上。注意事项：不能以测试器确认元件位置的偏移时，应用放大镜目测。	卡尺	1/2 以上
元件的位置		至于接头元件的倾斜，接头电极之幅度 W 的 1/2 以上盖在导通面即可以。注意事项：不能以测试器确认元件位置的偏移时，应用放大镜目测。	卡尺	1/2 以上
焊锡量		电极为高度 F 的 1/2 以上，幅度 W 的 1/2 以上之焊锡焊接。	卡尺	1/2 以上
焊锡量		在接头元件的较长之方向，从接头电极的端面焊锡焊接 0.5 mm 以上，如 G。	卡尺	0.5 mm 以上
焊锡量		焊锡的高度是从接头元件的面上 H 为 0.3 mm 以下。	杠杆式指示表	0.3 mm 以下
焊锡量		接头元件的焊锡不可以叠上，如 I。	目测	不可以叠上
元件的黏结		在接头元件的电极和印刷基板之间无黏结剂。	目测	不可以在电极之下
元件的黏结		在接头元件的电极和印刷基板之间无黏结剂。	目测	不可以在电极之下

续表

项目	不良焊点形貌	说明要点	检测工具	判定基准
元件的黏结	不可有黏结剂	在接头元件的电极部不可以粘着黏结剂	目测	不可以黏着
元件的位置	不可接触　G G　不可接触	接头元件的位置偏移，倾斜不可以接触邻近的导体。对于不能目测的情况使用测试器确认。	目测	不可以接触
焊锡量	焊锡溢出	焊锡不可以溢出导通面的宽度。	目测	不可以溢出
元件的位置	J	IC 元件的支脚的幅度 J 有 1/2 以上在导通面之上。	卡尺	1/2 以上
元件的位置	导通面 K/2　K	IC 元件的支脚与导通面接触的长度 K 有 1/2 以上在导通面之上。	卡尺	1/2 以上
元件的位置	元件引脚　导体	元件位置的偏移不可以与邻接导体接触。	目测	不可以接触
支脚不稳		对于支脚前端翘起的元件，前端翘起在 0.5 mm 以下。	卡尺	0.5 mm 以下
支脚不稳		对于支脚根部翘起的元件，根部翘起在 0.5 mm 以下。	0.5 mm 量规	0.5 mm 以下

项目	不良焊点形貌	说明要点	检测工具	判定基准
支脚不稳		对于支脚全体浮起的元件，支脚翘起在 0.5 mm 以下。	0.5 mm 量规	0.5 mm 以下
支脚不稳		焊锡的高度从印制板面至焊锡顶点在 1 mm 以下。	卡尺	1 mm 以下
支脚不稳		在元件支脚附着的焊锡高度在 0.5 mm 以下。	卡尺	0.5 mm 以下

附录 6 导线的连接方法

根据材料的不同，常见的导线可以分为铜导线与铝导线；根据芯线的不同，可以分为单股导线与多股导线。导线的连接方式也会因为材料与芯线的不同而发生变化。导线与导线的连接包含：单股铜导线的直线连接，单股铜导线的分支连接，多股铜导线的直接连接，多股铜导线的"T"字分支连接，单股与多股铜导线的连接，等等。线头与接线桩的连接包含：线头与针孔接线桩的连接，线头与平压式接线桩的连接，线头与瓦形接线桩的连接，等等。

一、导线与导线的连接

1. 单股铜导线的直线连接

相同截面线径≤2.5 mm 时，连接方法如下（图1）：

（1）剥去绝缘层，长度约线径的 70 倍，然后用砂纸去掉氧化层；

（2）将两线头的芯线"X"形交叉互相绞绕 2～3 圈，然后扳直芯线且平直紧贴并绕 5～6 圈；

（3）用钢丝钳去掉多余的线头且钳平芯线末端，然后用电工胶布做绝缘处理。

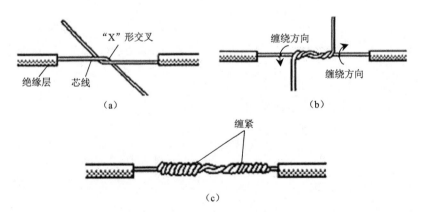

图 1 相同截面线径≤2.5 mm 时，单股铜导线的直线连接示意图

相同截面线径＞2.5 mm 时，连接方法如下（图 2）：

（1）先在两导线的芯线重叠处填入一根相同截面线径的芯线，再用一根截面线径约 1.5 mm 的裸铜线在其上紧密缠绕，缠绕长度为导线直径的 10 倍；

（2）将被连接导线的芯线线头分别折回，再将两端的缠绕裸铜线继续缠绕 5～6 圈后剪去多余线头，最后用电工胶布做绝缘处理。

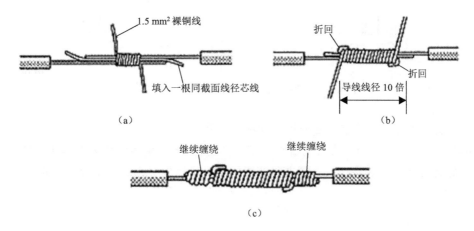

图 2　相同截面线径＞2.5 mm 时，单股铜导线的直线连接示意图

截面线径不同时，连接方法如下（图 3）：

将细导线的芯线在粗导线的芯线上紧密缠绕 5～6 圈；然后将粗导线芯线的线头折回紧压在缠绕层上；再用细导线芯线在其上继续缠绕 3～4 圈后剪去多余线头；最后用电工胶布做绝缘处理。

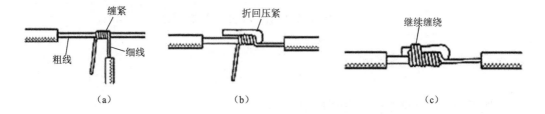

图 3　截面线径不同时，单股铜导线的直线连接示意图

2. 单股铜导线的分支连接

单股铜导线的"T"字分支连接方法如下（图 4）：

将支路芯线的线头紧密缠绕在干路芯线上 5～8 圈后剪去多余线头，然后用电工胶布做绝缘处理（提示：截面线径较小的芯线，可先将支路芯线的线头在干路芯线上打一个环绕结，再紧密缠绕 5～8 圈后剪去多余线头）。

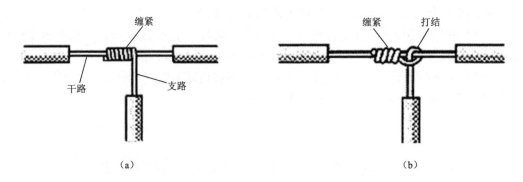

图4　单股铜导线的"T"字分支连接示意图

单股铜导线的"十"字分支连接方法如下（图5）：

将上、下支路芯线的线头紧密缠绕在干路芯线上5～8圈后剪去多余线头，然后用电工胶布做绝缘处理（提示：上、下支路芯线的线头可以向一个方向缠绕，也可以向左、右两个方向缠绕）。

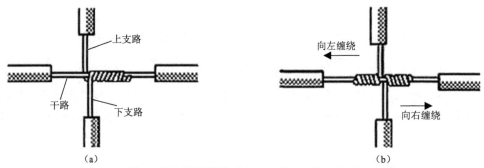

图5　单股铜导线的"十"字分支连接示意图

3. 多股铜导线的直接连接

7股铜导线的直接连接方法如下（图6）：

（1）剥去绝缘层，长度约截面线径的21倍；

（2）将接线头的线散开并拉直，然后用砂纸去掉氧化层，再将靠近绝缘层的1/3导线用钢丝钳拧紧，将余下的2/3芯线分散成伞状且将每根芯线拉直；

（3）将两根伞状线头隔根对插且绞平，将7股芯线按2、2、3分成3组，将一组芯线扳起垂直于其他线且按顺时针紧密缠绕2圈，然后将剩余的线向右扳直；

（4）将第2组芯线扳起垂直于其他芯线且按顺时针紧密缠绕（提示：紧紧压紧前面的一组芯线）2圈后，将剩余的芯线向右扳直；

（5）将第3组芯线扳起垂直于其他芯线且按顺时针紧密缠绕（提示：紧紧压紧前面的两组芯线）3圈后，用钢丝钳将多余的芯线去掉且钳平末端。

（6）用同样的方法缠绕另外一端芯线，最后用电工胶布做绝缘处理。

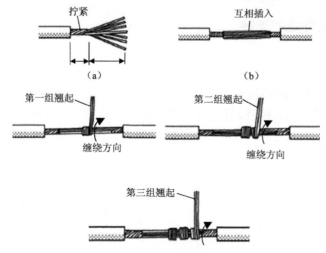

图 6 7 股铜导线的直接连接示意图

4. 多股铜导线的"T"字分支连接

多股铜导线的"T"字分支连接有两种方法。一种方法如图 7（a）、图 7（b）所示，将支路芯线弯折 90°后与干路芯线并行[图 7（a）]；然后将线头折回并紧密缠绕在芯线上即可。另一种方法如图 7（c）～图 7（f）所示，首先将支路芯线靠近绝缘层的约 1/8 芯线绞合拧紧，其余 7/8 芯线分为两组[图 7（c）]；然后将一组插入干路芯线当中，另一组放在干路芯线前面，并且朝右边缠绕 4～5 圈[图 7（d）]；再将插入干路芯线当中的那一组朝左边缠绕 4～5 圈[图 7（e）]；最后用电工胶布做绝缘处理。

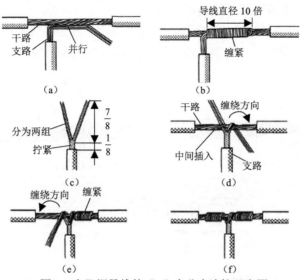

图 7 多股铜导线的"T"字分支连接示意图

5. 单股与多股铜导线的连接

单股与多股铜导线的直线连接方法如下（图8）：

首先将多股铜导线的芯线绞合拧紧成单股状；然后将其紧密缠绕在单股铜导线的芯线上 5～8 圈；再将单股芯线线头折回且压紧在缠绕部位；最后用电工胶布做绝缘处理。

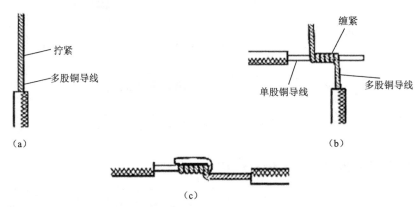

图 8　单股与多股铜导线的直线连接示意图

单股与多股铜导线的"T"字分支连接方法如下（图9）：

（1）在离多股铜导线的左端绝缘层口 3～5 mm 处的芯线上，用螺丝刀把多股芯线分成较均匀的两组（如 7 股芯线按 3 股、4 股分成 2 组）进行缠绕；

（2）将单股芯线插入多股芯线的两组中间，使绝缘层切口离多股芯线约 3 mm 的距离，然后用钢丝钳把多股芯线的插缝钳平钳紧；

（3）将单股芯线按顺时针方向紧缠在多股芯线上，各圈芯线紧挨密排，绕足 10 圈，然后切断余端芯线，钳平切口毛刺，最后用电工胶布做绝缘处理。

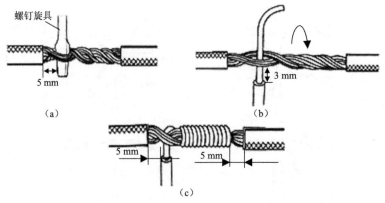

图 9　单股与多股铜导线的"T"字分支连接示意图

6. 同一方向铜导线的连接

同一方向铜导线的连接方法如图 10 所示。当需要连接的铜导线来自同一方向时，对于单股铜导线，可将一根铜导线的芯线紧密缠绕在其他铜导线的芯线上，然后将其他芯线的线头折回压紧即可；对于多股铜导线，可将两根铜导线的芯线互相交叉，然后绞合拧紧即可；对于单股铜导线与多股铜导线的连接，可将多股铜导线的芯线紧密缠绕在单股铜导线的芯线上，然后将单股芯线的线头折回压紧即可。

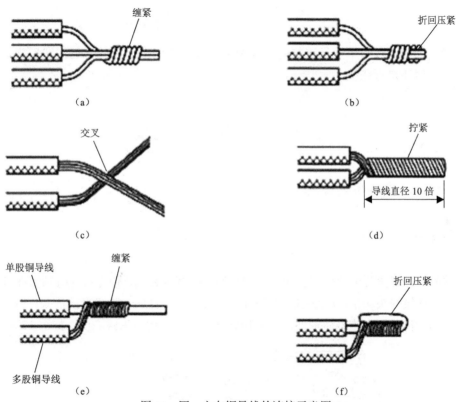

图 10　同一方向铜导线的连接示意图

7. 铝导线的连接

铝导线的连接方法如图 11 所示。根据截面线径选择合适的压接管，首先利用砂纸清除线头表面和压接管内壁上的氧化层及污物；然后涂上中性凡士林；再将两根线头相对插入且穿出压接管，使两线端各自伸出压接管 25～30 mm；最后用压接钳压接。如果压接钢芯铝绞线，则应在两根芯线之间垫上一层铝质垫片。压接钳在压接管上的压坑数目，室内线头通常为 4 个，室外通常为 6 个。

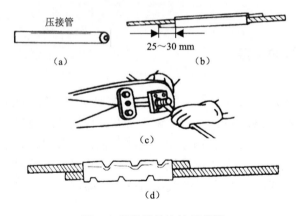

压接管

（a）

25～30 mm

（b）

（c）

（d）

图 11　铝导线的连接示意图

注意：当铜导线与铝导线连接时，需要将铜导线表面进行上锡处理，然后穿入压接管并利用压线钳进行压接。

二、线头与接线桩的连接

1. 线头与针孔接线桩的连接

1）单股芯线

连接时，最好按要求的长度将线头折成双股并排插入针孔，使压接螺钉顶紧在双股芯线的中间。如果线头较粗，双股芯线无法插入针孔，也可将单股芯线直接插入，但芯线在插入针孔前应向针孔上方稍微弯曲，以免压紧螺钉稍有松动线头就脱出。如图 12 所示。

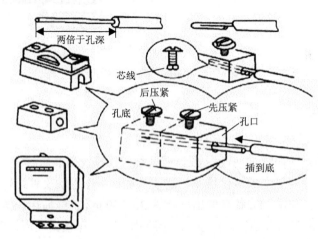

两倍于孔深

芯线

后压紧

孔底

先压紧

孔口

插到底

图 12　单股芯线与针孔接线桩的连接示意图

2）多股芯线

先用钢丝钳将多股芯线进一步绞紧，以保证压接螺钉顶压时不致松散[图 13（a）]。如果针孔过大，则可选一根直径合适的导线作为绑扎线，在已绞紧的线头上紧紧地缠绕一层，使线头大小与针孔匹配后再进行压接[图 13（b）]。如果线头过大，插不进针孔，则可将线头散开，适量剪去中间几股，然后将线头绞紧即可进行压接[图 13（c）]。

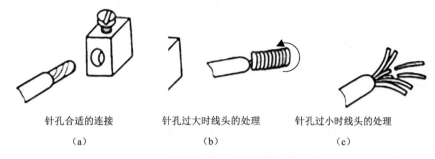

针孔合适的连接	针孔过大时线头的处理	针孔过小时线头的处理
（a）	（b）	（c）

图 13　多股芯线与针孔接线桩的连接示意图

3）软线芯线

将软线绞紧，把芯线按顺时针方向围绕在接线桩的螺钉上，注意芯线根部不可贴住螺钉，应相距 3 mm，围绕螺钉一圈，余端应先在芯线根部由上向下围绕一圈，然后按顺时针方向围绕在螺钉上，最后围到芯线根部处收住。拧紧螺钉后扳起芯线余端并从其根部切断，不应露毛刺和损伤下面的芯线。如图 14 所示。

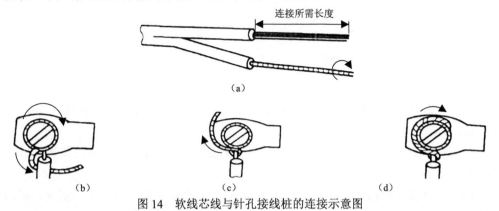

图 14　软线芯线与针孔接线桩的连接示意图

4）头攻头

按针孔深度的两倍长度加约 5～6 mm 的芯线根部富余度，剥离导线连接点的绝缘层。在剥去绝缘层的芯线中间折成双根并列状态，两芯线根部反向折成 90°转角。将双根并列的芯线端头插入针孔，并拧紧螺钉。如图 15 所示。

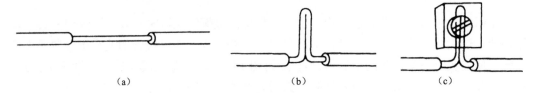

（a）　　　　　　　　　　（b）　　　　　　　　　　（c）

图 15　头攻头与针孔接线桩的连接示意图

2. 线头与平压式接线桩的连接

1）单股芯线

先将线头弯制成压接圈（俗称羊眼圈），再用螺钉压紧。

弯制方法如下：离绝缘层根部约 3 mm 处向外侧折角，然后按略大于螺钉直径弯曲圆弧，剪去芯线余端，最后修正圆圈成圆形。如图 16 所示。

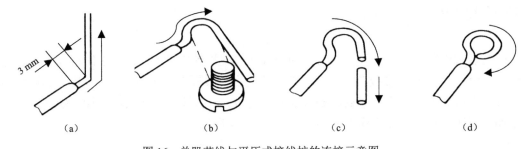

（a）　　　　　　　　（b）　　　　　　　（c）　　　　　　（d）

图 16　单股芯线与平压式接线桩的连接示意图

2）多股线芯（以7股线为例）

（1）弯制压接圈，将离绝缘层根部约 1/2 处的芯线重新绞紧，越紧越好，如图 17（a）所示；

（2）绞紧部分的芯线，在离绝缘层根部 1/3 处向左外折角，然后弯曲圆弧，如图 17（b）所示；

（3）当圆弧弯曲得将成圆圈（剩下 1/4）时，应将余下的芯线向右外折角，然后使其成圆形，捏平余下线端，使两端芯线平行，如图 17（c）所示；

（4）把散开的芯线按 2 根、2 根、3 根分成三组，将第一组 2 根芯线扳起，重直于芯线（留出垫圈边宽），如图 17（d）所示；

（5）按 7 股芯线直线对接的自缠法加工。

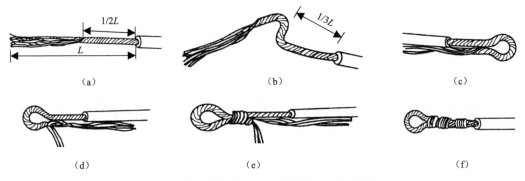

图 17　多股芯线与平压式接线桩的连接示意图

3）头攻头

按接线桩螺钉直径约 6 倍长度剥离导线连接点绝缘层，然后以剥去绝缘层芯线的中点为基准，按螺钉规格弯曲成压接圈，再用钢丝钳紧夹住压接圈根部，最后将两根部芯线互绞一转，使压接圈如图 18（b）所示。将压接圈套入螺钉后拧紧，如图 18（c）所示。

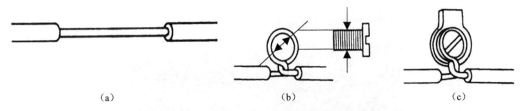

图 18　头攻头与平压式接线桩的连接示意图

3. 线头与瓦形接线桩的连接

先将已去除氧化层和污物的线头弯成"U"形，将其卡入瓦形接线桩内进行压接，如需将两个线头接入一个瓦形接线桩内，则应使两个弯成 U 形的线头重合，然后将其卡入瓦形垫圈下方进行压接。如图 19 所示。

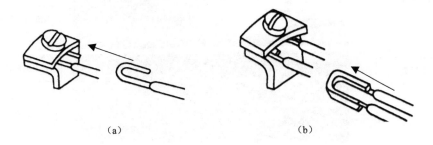

图 19　线头与瓦形接线桩的连接示意图

附录 7 配电与电气控制系统实训板使用说明书

一、配电与电气控制系统实训板说明

1. 元件与安装位置

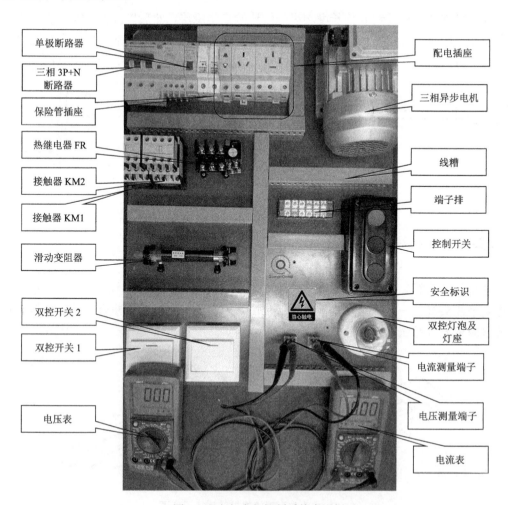

图 1 配电与电气控制系统实训板

如图 1 所示，配电与电气控制系统实训板可以完成低压配电、双控灯调节、电机运行等实训项目。低压配电实训所用元件有：单极断路器、三相 4P（3P+N）断路器、配电插座、线槽；双控灯调节实训所用到元件有：线槽、双控开关 1、双控开关 2、滑动变阻器、电压表、电流表、电压测量端子、电流测量端子、双控灯泡及灯座；电机实训所用到元件有：单极断路器、三相 4P（3P+N）断路器、配电插座、线槽、三相异步电机；电气控制实训所用到元件有：单极断路器、三相 4P（3P+N）断路器、保险管插座、配电插座、线槽、三相异步电机、接触器 KM1、接触器 KM2、热继电器 FR、端子排、控制开关。

2. 注意事项

（1）根据国家标准《电气装置安装工程盘、柜及二次回路接线施工及验收规范》（GB50171-2012），主电路部分黄、绿、红线分别代表 A、B、C 三相。

（2）剥线时应选择合适的钳口以免割伤线芯，线头长短适中，使接线点没有裸露的金属部分。

（3）禁止带电操作，以防触电。

（4）接线完成后，应先检查各连接点是否牢固，确保电路安全可靠，最好按原理图手动操作接触器的触点，用万用表测量电路通断。

（5）上电之前，先合上端子排的防护罩与线槽盖子；上电运行过程中，禁止电路中的带电端子裸露及电线凌乱。

（6）为更方便地进行低压配电实训操作，配电与电气控制系统实训板配套有相应的配电专用连接线，如图 2 所示（在实训接线前，实训老师一定要对实验室本身具备的配电插口进行测量，验证其与配电与电气控制系统实训板配套的配电连接线性质是否一致）。

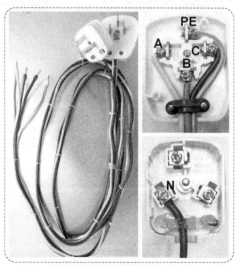

（a）常见的配电箱　　　　　　　　（b）配电专用连接线

图 2　配电箱与连接线

二、部分元件说明

1. 接触器

本实训采用 CJX2 系列接触器（图 3），CJX2 系列接触器主要用于 50 Hz 或 60 Hz 交流电，供远距离接通与分断电路之用，可与热继电器直接插接组成电磁启动器，以保护可能发生过负荷的电路。接触器还可以组装积木式辅助触头组、空气延时头和机械联锁机构等附件，以组成延时接触器、可逆接触器、星三角启动器。CJX2 系列接触器型号标识与含义如图 4 所示。

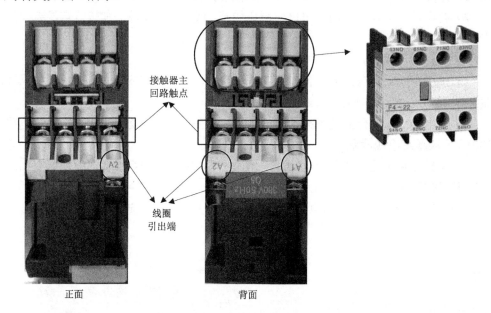

正面　　　　　　　　　　　背面

图 3　接触器实物说明

注：1.接触器主回路触点有 4 个，当连接三相电后，第 4 个触点可以做辅助触点；
　　　2.接触器线圈引出端为 A1、A2；
　　　3.接触器有交流控制接触器与直流控制接触器之分（线圈的供电）

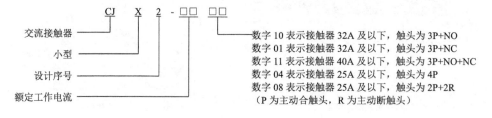

图 4　CJX2 系列接触器型号及含义

2. 热继电器

如图 5 所示，热继电器包含：主回路触点、复位/测试按钮、电流整定旋钮、常闭触点、常开触点。主触点不会因控制触点的动作而动作，始终保持在接通状态。

热继电器的电流整定值指可以保护电机过载和用电设备的电流值。通常，热继电器电流整定值选为电动机额定电流的 1.05～1.2 倍。当电动机全负荷运行，热继电器电流整定值选为电动机额定电流的 1.05～1.2 倍；如果不是全负荷运行，电流整定值可以设定小一些，根据现场平时运行的经验来设定。例如，电动机非全负荷运行时，运行电流 20A，可以将电流整定值设为 20A 或 24A，不仅能保护电动机，还能保护机械设备。

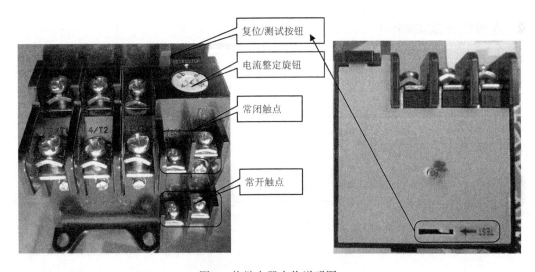

图 5　热继电器实物说明图

三、实训连接线

1. 连接线编号

连接线编号含义如图 6 所示。

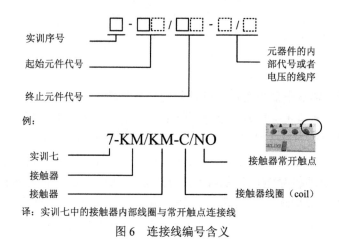

图6　连接线编号含义

2. 连接线详细说明

导线的连接方法如附录6所示,表1缺少相应的导线时,按附录6做线方法补齐。

表1　实训五、实训七和实训八连接线详细说明表

实训项目	线号	颜色	长度/cm	内径/mm	接头	说明	回路次数
实训五	5-QF/2S-N	蓝	50	2.5		实训五断路器与两孔插座之间的N线	一
	5-QF/2S-A	黄	21	2.5		实训五断路器与两孔插座之间的L线	一
	5-QF/3S-B	绿	22.5	2.5		实训五断路器与三孔插座之间的L线	一
	5-QF/3S-N	蓝	20	2.5		实训五断路器与三孔插座之间的N线	一
	5-QF/3S-PE	黄/绿	47	2.5		实训五断路器与三孔插座之间的保护地相线	一
	5-QF/4S-A	黄	26	2.5		实训五断路器与四孔插座之间的A相线	一
	5-QF/4S-B	绿	26	2.5		实训五断路器与四孔插座之间的B相线	一

续表

实训项目	线号	颜色	长度/cm	内径/mm	接头	说明	回路次数
实训五	5-QF/4S-C	红	29.5	2.5		实训五断路器与四孔插座之间的 C 相线	一
	5-QF/4S-PE	黄/绿	41	2.5		实训五断路器与四孔插座之间的保护地相线	一
	5-P/S-L	红	67	2.5		实训五双控灯插头与双控开关之间的火线 L	一
	5-P/L-N	蓝	82	2.5		实训五双控灯插头与灯泡之间的零线 N	一
	5-S/S-1	黄	23	2.5		实训五双控开关之间的连接线 1	一
	5-S/S-2	黄	37	2.5		实训五双控开关之间的连接线 2	一
	5-S/R	黄	16	2.5		实训五双控开关与滑动变阻器之间的连接线	一
	5-R/MC	黄	41	2.5		实训五滑动变阻器与电流测量端子之间的连接线	一
	5-MC/L	黄	25.5	2.5		实训五电流测量端子与灯泡之间的连接线	一
	5-MV/L-1	黄	20	2.5		实训五电压测量端子与灯泡之间的连接线 1	一
	5-MV/L-2	蓝	22.5	2.5		实训五电压测量端子与灯泡之间的连接线 2	一
	5-4S/M-A	黄	35	2.5		实训五四孔插头与电机之间的 A 相连接线	一
	5-4S/M-B	绿	35	2.5		实训五四孔插头与电机之间的 B 相连接线	一
	5-4S/M-C	红	35	2.5		实训五四孔插头与电机之间的 C 相连接线	一
	5-4S/M-PE	黄/绿	35	2.5		实训五四孔插头与电机之间的保护地 PE 连接线	一

实训项目	线号	颜色	长度/cm	内径/mm	接头	说明	回路次数
实训七	7-QF/KM-A	黄	15	2.5		实训七断路器与接触器 A 相连接线	一
	7-QF/KM-B	绿	15	2.5		实训七断路器与接触器 B 相连接线	一
	7-QF/KM-C	红	15	2.5		实训七断路器与接触器 C 相连接线	一
	7-KM/FR-A	黄	25.5	2.5		实训七接触器与热继电器 A 相连接线	一
	7-KM/FR-B	绿	25	2.5		实训七接触器与热继电器 B 相连接线	一
	7-KM/FR-C	红	25	2.5		实训七接触器与热继电器 C 相连接线	一
	7-FR/M-A	黄	48.5	2.5		实训七热继电器与电机 A 相连接线	一
	7-FR/M-B	绿	48.5	2.5		实训七热继电器与电机 B 相连接线	一
	7-FR/M-C	红	48.5	2.5		实训七热继电器与电机 C 相连接线	一
	7-FR/M-PE	黄/绿	48.5	2.5		实训七热继电器与电机 PE 连接线	一
	7-QF/F-A	黄	16.5	1		实训七断路器与保险管 A 相连接线	一
	7-QF/F-B	绿	16.5	1		实训七断路器与保险管 B 相连接线	一
	7-F1/FR-NC	黑	16.5	1		实训七保险管 1 与热继电器常闭连接线	二
	7-F2/KM-C	黑	59.5	1		实训七保险管 2 与接触器线圈连接线	二
	7-KM/T-C	黑	52.5	1		实训七接触器线圈与端子排连接线	二

续表

实训项目	线号	颜色	长度/cm	内径/mm	接头	说明	回路次数
实训七	7-KM/KM-C/NO	黑	38.5	1		实训七接触器线圈与接触器辅助触点连接线	二
	7-T/SB-GNO	黑	10.5	1		实训七端子排与绿色（启动）控制按键常开点连接线	二
	7-SB/SB-GNO/RNC	黑	8	1		实训七绿色（启动）控制按键常开点与红色（停止）控制按键常闭点连接线	二
	7-SB/T-GNO	黑	27.5	1		实训七绿色（启动）控制按键常开点与端子排连接线	二
	7-T/KM-C	黑	34.5	1		实训七端子排与接触器辅助触点连接线	二
	7-SB/T-RNC	黑	40.5	1		实训七红色（停止）控制按键常闭点与端子排连接线	二
	7-T/FR-NC	黑	26	1		实训七端子排与热继电器常闭点连接线	二
实训八	8-QF/KM1-A	黄	14.5	2.5		实训八断路器与接触器 1A 相连接线	一
	8-QF/KM1-B	绿	14.5	2.5		实训八断路器与接触器 1B 相连接线	一
	8-QF/KM1-C	红	14.5	2.5		实训八断路器与接触器 1C 相连接线	一
	8-KM1/KM2-A	黄	24.5	2.5		实训八接触器 1 与接触器 2A 相连接线	一
	8-KM1/KM2-B	绿	24.5	2.5		实训八接触器 1 与接触器 2B 相连接线	一
	8-KM1/KM2-C	红	24.5	2.5		实训八接触器 1 与接触器 2C 相连接线	一
	8-KM1/FR-A	黄	24.5	2.5		实训八接触器 1 与热继电器 A 相连接线	一
	8-KM1/FR-B	绿	24.5	2.5		实训八接触器 1 与热继电器 B 相连接线	一

实训项目	线号	颜色	长度/cm	内径/mm	接头	说明	回路次数
实训八	8-KM1/FR-C	红	24.5	2.5		实训八接触器1与热继电器C相连接线	一
	8-KM2/FR-A	黄	27	2.5		实训八接触器2与热继电器A相连接线	一
	8-KM2/FR-BC	绿	30	2.5		实训八接触器2B相与热继电器C相连接线	一
	8-KM2/FR-CB	红	27	2.5		实训八接触器2C相与热继电器B相连接线	一
	8-FR/M-A	黄	48.5	2.5		实训八热继电器与电机A相连接线	一
	8-FR/M-B	绿	48.5	2.5		实训八热继电器与电机B相连接线	一
	8-FR/M-C	红	48.5	2.5		实训八热继电器与电机C相连接线	一
	8-QF/M-PE	红	48.5	2.5		实训八热继电器与电机PE连接线	一
	8-QF/F1-A	黄	17.5	1		实训八断路器与保险管1A相连接线	二
	8-QF/F2-B	绿	16	1		实训八断路器与保险管2B相连接线	二
	8-F2/KM1-C	黑	56	1		实训八保险管2与接触器1线圈连接线	二
	8-KM1/KM2-C/C	黑	13	1		实训八接触器1线圈与接触器2线圈连接线	二
	8-KM1/KM2-C/NC	黑	24.5	1		实训八接触器1线圈与接触器2常闭触点连接线	二
	8-KM2/T-NC	黑	53.5	1		实训八接触器2常闭触点端子排连接线	二
	8-T/SB-BNC	黑	32	1		实训八端子排连接线与黑色（反转）控制按键常闭点	二

续表

实训项目	线号	颜色	长度/cm	内径/mm	接头	说明	回路次数
实训八	8-SB/SB-BNC/GNO	黑	6	1		实训八黑色（反转）控制按键常闭点与绿色（正转）控制按键常开点	二
	8-SB/T-BNC	黑	29.5	1		实训八黑色（反转）控制按键常闭点与端子排连接线	二
	8-T/KM1-NO	黑	59.5	1		实训八端子排与接触器 1 常开点连接线	二
	8-KM1/T-NO	黑	48.5	1		实训八接触器 1 常开点与端子排连接线	二
	8-KM2/KM1-C/NC	黑	25	1		实训八接触器 2 线圈与接触器 1 常闭触点连接线	二
	8-KM1/T-NC	黑	40.5	1		实训八接触器 1 常闭触点端子排连接线	二
	8-T/SB-GNC	黑	24.5	1		实训八端子排连接线与绿色（正转）控制按键常闭点	二
	8-SB/SB-GNC/BNO	黑	10.5	1		实训八绿色（正转）控制按键常闭点与黑色（反转）控制按键常开点	二
	8-SB/T-GNC	黑	26	1		实训八绿色（正转）控制按键常闭点与端子排连接线	二
	8-T/KM2-NO	黑	61	1		实训八端子排与接触器 2 常开点连接线	二
	8-KM2/T-NO	黑	44.5	1		实训八接触器 2 常开点与端子排连接线	二
	8-SB/T-BNO	黑	29.5	1		实训八黑色（反转）控制按键常开点与端子排连接线	二
	8-SB/SB-GNO/RNC	黑	9.5	1		实训八绿色（正转）控制按键常开点与红色（停止）常闭点连接线	二
	8-SB/T-RNC	黑	39	1		实训八红色（停止）常闭点与端子排连接线	二

续表

实训项目	线号	颜色	长度/cm	内径/mm	接头	说明	回路次数
实训八	8-T/FR-NC	黑	33.5	1		实训八端子排与热继电器的常闭点连接线	二
	8-FR/F1-NC	黑	61.5	1		实训八热继电器的常闭点与保险管1连接线	二
	8-SB/SB-RNC/BNO	黑	8.5	1		实训八红色（停止）常闭点与黑色（反转）常开点连接线	二

四、常用的安装附件

配电与电气控制系统常用的安装附件如下（图7）：

（1）走线槽由锯齿形的塑料槽和塑料盖组成，有多种规格，用于导线和电缆的走线，可以使柜内走线美观、整洁。

（2）扎线带（勒死狗）可以将一束导线扎紧，有5种规格。固定盘上有小孔，背面有黏胶，可以黏到其他平面物体上，用来配合扎线带的使用。

（3）波纹管、缠绕管用于控制柜内裸露的导线部分的缠绕，或者作为外套保护导线，一般由聚氯乙烯（PVC）软质塑料制成。

（4）号码管由PVC软质塑料制成，管、线上可以用专用打号机打印各种所需符号，套在导线接头上以标记导线。配线标志管则是将各种数字和字母印在塑料管上，分割成小段，使用时随意组合。

（5）安装导轨用于安装各种标准卡槽，由合金或铝材制成，常用的是宽为35 mm的U形导轨。

（6）热缩管是遇热收缩的特种塑料管，用于包裹导线或导线的裸露部分，起绝缘作用。

　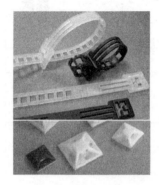　

（a）走线槽　　　　　　　（b）扎线带和固定盘　　　　　（c）波纹管、缠绕管

　　（d）号码管、配线标志管　　　　　　（e）安装导轨　　　　　　　　　（f）热缩管

图 7　常用安装附件

附录 8　Pt100 热电阻分度表

温度/℃	0	1	2	3	4	5	6	7	8	9
	电阻值/Ω									
−40	84.27	83.87	83.48	83.08	82.69	82.29	81.89	81.50	81.10	80.70
−30	88.22	87.83	87.43	87.04	86.64	86.25	85.85	85.46	85.06	84.67
−20	92.16	91.77	91.37	90.98	90.59	90.19	89.80	89.40	89.01	88.62
−10	96.09	95.69	95.30	94.91	94.52	94.12	93.73	93.34	92.95	92.55
0	100.00	99.61	99.22	98.83	98.44	98.04	97.65	97.26	96.87	96.48
0	100.00	100.39	100.78	101.17	101.56	101.95	102.34	102.73	103.12	103.51
10	103.90	104.29	104.68	105.07	105.46	105.85	106.24	106.63	107.02	107.40
20	107.79	108.18	108.57	108.96	109.35	109.73	110.12	110.51	110.90	111.29
30	111.67	112.06	112.45	112.83	113.22	113.61	114.00	114.38	114.77	115.15
40	115.54	115.93	116.31	116.70	117.08	117.47	117.86	118.24	118.63	119.01
50	119.40	119.78	120.17	120.55	120.94	121.32	121.71	122.09	122.47	122.86
60	123.24	123.63	124.01	124.39	124.78	125.16	125.54	125.93	126.31	126.69
70	127.08	127.46	127.84	128.22	128.61	128.99	129.37	129.75	130.13	130.52
80	130.90	131.28	131.66	132.04	132.42	132.80	133.18	133.57	133.95	134.33
90	134.71	135.09	135.47	135.85	136.23	136.61	136.99	137.37	137.75	138.13
100	138.51	138.88	139.26	139.64	140.02	140.40	140.78	141.16	141.54	141.91
110	142.29	142.67	143.05	143.43	143.80	144.18	144.56	144.94	145.31	145.69
120	146.07	146.44	146.82	147.20	147.57	147.95	148.33	148.70	149.08	149.46
130	149.83	150.21	150.58	150.96	151.33	151.71	152.08	152.46	152.83	153.21
140	153.58	153.96	154.33	154.71	155.08	155.46	155.83	156.20	156.58	156.95
150	157.33	157.70	158.07	158.45	158.82	159.19	159.56	159.94	160.31	160.68
160	161.05	161.43	161.80	162.17	162.54	162.91	163.29	163.66	164.03	164.40
170	164.77	165.14	165.51	165.89	166.26	166.63	167.00	167.37	167.74	168.11
180	168.48	168.85	169.22	169.59	169.96	170.33	170.70	171.07	171.43	171.80
190	172.17	172.54	172.91	173.28	173.65	174.02	174.38	174.75	175.12	175.49
200	175.86	176.22	176.59	176.96	177.33	177.69	178.06	178.43	178.79	179.16
210	179.53	179.89	180.26	180.63	180.99	181.36	181.72	182.09	182.46	182.82
220	183.19	183.55	183.92	184.28	184.65	185.01	185.38	185.74	186.11	186.47
230	186.84	187.20	187.56	187.93	188.29	188.66	189.02	189.38	189.75	190.11
240	190.47	190.84	191.20	191.56	191.92	192.29	192.65	193.01	193.37	193.74

注：近似换算公式。$R_t = R_0(1 + \alpha t)$, $R_0 = 100\Omega$, $\alpha = 0.00385℃^{-1}$。

附录9 WG5412 温度控制器及简易闭环系统

WG5412 温度控制器（以下简称温控器）适用于注塑、挤出、吹瓶、食品、包装、印刷、恒温干燥、金属热处理等设备的温度控制。它的 P、I、D 参数可以自动整定，是一种智能化的仪表，使用十分方便，是指针式电子调节器、模拟式数显温控仪的最佳更新换代产品。

一、操 作 注 意

（1）断电后方可清洗仪表，清除显示器上污渍请用软布或棉纸。

（2）显示器易被划伤，禁止用硬物擦拭或触及。

（3）禁止用螺丝刀或书写笔等硬物体操作面板按键，否则会损坏或划伤按键。

二、安 装

1. 注意事项

（1）温控器安装于以下环境：大气压力，86～106 kPa；环境温度，0～50℃；相对湿度，45%～85% RH。

（2）安装时应注意以下情况：环境温度的急剧变化引起的结露；腐蚀性、易燃气体；直接震动或冲击主体结构；水、油、化学品、烟雾或蒸汽污染；过多的灰尘、盐分或金属粉末；空调可吹；阳光的直射；热辐射积聚之处。

2. 安装过程

（1）按照盘面开孔尺寸，在盘面上打出用来安装仪表的矩形方孔。多个温控器安装时，左、右两孔间的距离应大于 25 mm；上、下两孔间的距离应大于 30 mm。

（2）将温控器嵌入盘面开孔内。

（3）在温控器安装槽内插入安装支架。

（4）推紧安装支架，使温控器与盘面结合牢固，收紧螺丝。

3. 尺寸

外形与盘面开孔尺寸如图 1 所示。

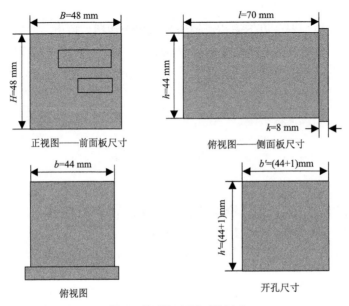

图 1　外形与盘面开孔尺寸

图 1　WG-5412 的外观图（正视图显示面板的布局）

三、接　　线

1. 接线注意

（1）热电阻输入，应使用 3 根低电阻且长度、规格一致的导线。

（2）输入信号线应远离仪表电源线、动力电源线和负荷线，以避免引入电磁干扰。

2. 接线端子与接线

接线端子与接线示例如图 2 所示。

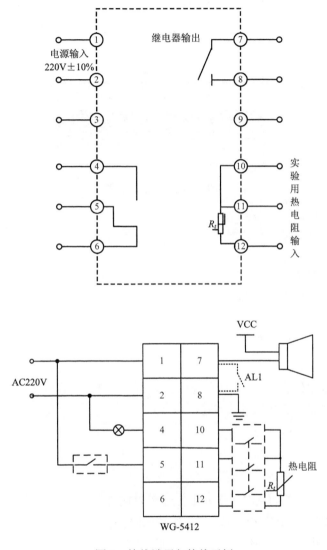

图 2　接线端子与接线示例

四、面 板 布 置

温控器面板布置如图 3 所示。

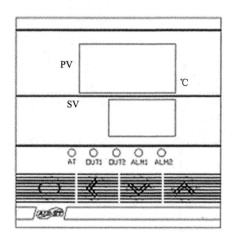

图 3　温控器面板布置

1）测量值（PV）显示器（红）

（1）显示测量值。
（2）根据仪表状态显示各类提示符。

2）给定值（SV）显示器

（1）显示给定值。
（2）根据仪表状态显示各类参数。

3）指示灯

（1）自整定指示灯（AT）（绿）工作输出时闪烁。
（2）控制输出灯（OUT1）（绿）工作输出时亮。
（3）报警输出灯（ALM1）（红）工作输出时亮。

4）"SET" 功能键

参数的调出，参数的修改确认

5）"＜" 移位键

根据需要选择参数位，控制输出的 ON/OFF。

6）"∧""∨"数字调整键

用于调整数字，启动/退出自整定。

五、操　作

1. 功能的调出顺序

温控器各功能调出顺序如图 4 所示。

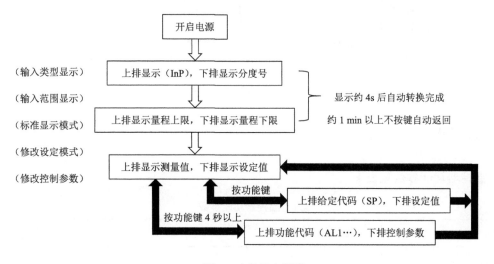

图 4　功能调出顺序

2. 功能详细说明

（1）温控器通电后，上排显示温控器分度号，表示输入类型。下排显示量程下限，表示测量范围。经过 2 s 后，上排显示测量值（PV），下排显示设定值（SV），进入正常工作状态。

（2）温度的设定：先按下"SET"键。然后按移位键"<"使需要修改的设定温度数字位闪烁，按"∧"或"∨"键，使下排显示为所需要的值。最后按"SET"键回到标准模式。

（3）功能参数的设定：按"SET"键 4 s 以上，上排显示功能参数的提示符（详见表 1），按移位键"<"使需要修改的数字位闪烁，按"∧"或"∨"键，使下排显示为所需要的值。继续按"SET"键，上排依次显示各参数的提示符，按移位键"<"使需要

修改的数字位闪烁，按"∧"或"∨"键，使各功能参数为所需要的值。再按"SET"键3 s以上，回到标准模式。

（4）若PV显示窗口出现"HHHH"，则说明热电偶接反、热电阻短路或温度超过测量范围；若PV显示窗口出现"LLLL"，则说明热电偶开路或温度超过测量范围。

（5）温控器功能参数的自整定功能：将SV设定为想要的控温值，然后进入AT参数层，将SV设定为ON后退出，此时AT指示灯闪烁，表示已进入自整定状态。若希望中途退出自整定，可进入AT菜单后，把AT值设定为OFF，按设定键后，AT指示灯熄灭。本次自整定作废。当自整定结束后，AT指示灯灭，OUT1亮，此时便可查询自整定P、I、D的参数。如图5所示。

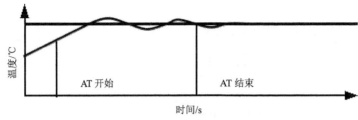

图5　温控器功能参数自整定

3. 功能参数

温控器功能参数见表1。

表1　温控器功能参数

提示符	名称	设定范围	说明	初始值
ALI / AL1	报警1设置	0℃～量程值	报警1设定，报警不灵敏区为0.4固定值	300℃或100℃
Pb / Pb	显示值修正	−50～50℃	使显示值=PB值＋内部测试值	0℃或0.0℃
P / P	比例度	0～300	比例作用调节，P越大比例作用越小，系统增益越低，P=0位式控制	8或15
I / I	积分时间	0～999 s	积分作用时间常数，I越大，积分作用越弱，I=0，PD控制	240 s
d / d	微分时间	0～999 s	微分作用时间常数，D越大，微分作用越强，并且可克服超调，D=0，PI控制	30 s

续表

提示符	名称	设定范围	说明	初始值
┏ T	控制周期	1～100 s	主控制的动作周期	20 s
PbY HY	主控制输出的切换差	0～50℃	当主控制是二位式控制时（P=0）的主控制的切换差，P不为0时，无此参数	1℃
Rr AT	自整定开关	0, 1	0：关闭；1：打开	0
LCK LCK	密码锁	0, 1, 2	0：不锁定； 1：锁定除设定值外的参数； 2：锁定所有参数	0

注：表中各功能参数的改变均可能改变控制效果。

4. 高级功能参数

本温控器具有供工程师或有经验的高级用户调整的参数，普通用户请不要调整这些参数。进入高级功能参数调整方式如下：同时按住仪表的"SET"键与"＜"键，纸质 PV 窗口显示"PASS"，此状态下输入 0100 后再按设定键即可进入一下菜单。口令及参数意义如表 2 所示。

表 2　温控器高级功能参数口令及意义

菜单代号	设定范围	意义	说明	默认值
AL1T AL1T	0～5	第一报警输出方式	0：上限绝对报警；1：上限偏差报警；2：下限绝对值报警；3：下限偏差报警；4：带外报警；5：带内报警	1
AL2T AL2T	0～5	第二报警输出方式	0：上限绝对报警；1：上限偏差报警；2：下限绝对值报警；3：下限偏差报警；4：带外报警；5：带内报警	3
Hy1 HY1	0～200	第一报警继电器切换差	报警继电器切换差	1
Hy2 HY2	0～200	第二报警继电器切换差	报警继电器切换差	1
bP bP	0～100	比例带提前量	使比例带下移 BP 度，有效地减少或消除首次升温的过冲	10

续表

菜单代号	设定范围	意义	说明	默认值
TL TL	全量程	最小设定值设定	用户所能设定的最小设定值	0
TH TH	全量程	最大设定值设定	用户所能设定的最大设定值	400
PL PL	0～30%	最小功率限制	限制仪表所能输出的最小功率	0
PH PH	30%～100%	最大功率限制	测量温度进入比例带后的仪表最大输出功率（OUT=0）或仪表的最大输出功率（OUT=1，2）	100%
P0 P0	0～100%	仪表上电的初始输出功率	用于防止仪表频繁上、下电导致温度变化过大	10%
P1 P1	0～100%	仪表进入比例带时的初始输出功率	减小仪表首次进入稳态调节的时间，减小仪表首次的超调或欠调	10%
OFF OFF	0～20℃	超温关断温度	当温度大于设定温度+0V 值且温度还在上升的过程中，仪表会切断输出，减小冲温	3.0℃
PSL PSL	−1999～9999	线性输入零位时的显示值	只有当输入为线性信号（电压、电流等）时才用到此参数	0
PSH PSH	−1999～9999	线性输入满度时的显示值	只有当输入为线性信号（电压、电流等）时才用到此参数	500
dP DP	0～3	线性输入时小数点位置	对热电偶与热电阻信号无效	2

六、简易温度闭环控制系统

简易温度闭环控制系统实物图及抽象系统框图如图 6 所示，包含了控制系统的四个基本组成部分：对象、传感单元、控制单元、执行单元。这里的执行单元应含有继电器开关与灯泡。

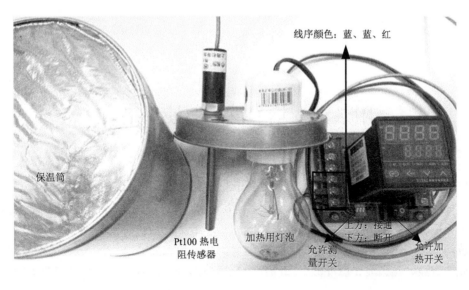

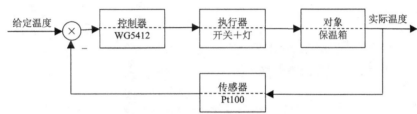

图 6　简 易闭环系统实物图及抽象系统框图

在测温前，先按图 6 接线，并且正确使用允许测量开关和允许加热开关：

（1）允许测量开关的作用是使传感器与仪表的通路完全断开，以便使用万用表测量传感器的电阻。切记不可带电测量电阻。

（2）设置好参数后再将允许加热开关闭合，以得到实际温度的完整变化曲线。

附录 10　信号发生器使用指南

　　信号发生器指能够产生所需参数的电测试信号的仪器，主要由频率产生单元、调制单元、缓冲放大单元、衰减输出单元、显示单元、控制单元组成。信号发生器在生活中应用十分广泛，如通信、广播、电视、感应加热、熔炼、淬火、超声诊断、核磁共振成像等系统均有信号发生器的存在。信号发生器又称信号源或振荡器，能够产生多种波形，如正弦波、方波、锯齿波、脉冲波、白噪声、任意波形等。信号发生器实物如图 1 所示。

图 1　信号发生器实物图

　　市面上信号发生器的品牌较多，如鼎阳、普源、优利德、胜利等，型号更是多种多样。想全面的学习使用一款信号发生器，需要仔细阅读该产品的使用说明书。

　　以下以普源 DG1022 数字信号发生器为例进行说明。

一、操 作 面 板

　　普源 DG1022 数字信号发生器的正面操作面板包含：USB 接口、LCD 液晶显示屏、模式/功能键区、方向键、旋钮、开关机按钮、本地/视图切换、菜单键区、波形选择键区、通道切换、数字键盘、CH1 输出使能、CH2 输出使能、CH2 输出端/频率计输入端、CH1 输出端。如图 2 所示。

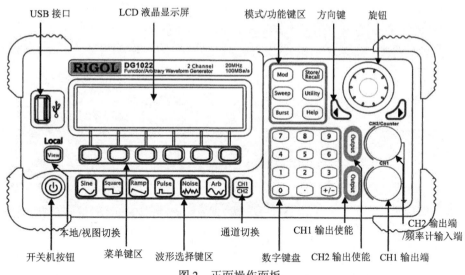

图 2　正面操作面板

普源 DG1022 数字信号发生器的背面面板包含：10 MHz 参考输入、同步输入、电源插口、调制波输入、USB 接口、总电源开关。如图 3 所示。

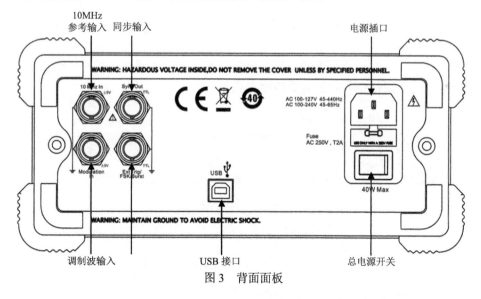

图 3　背面面板

二、操　作

为了方便观察，我们将信号发生器的输出端与示波器的信号输入端连接在一起。

（1）接上电源，按下开关机按钮，普源 DG1022 数字信号发生器会显示默认的开机界面，如图 4 所示。

图4　开机界面

（2）连续按下"本地/视图切换"按键可以切换显示模式，包含：单通道常规显示模式、单通道图形显示模式、双通道常规显示模式，如图5（a）所示。

（3）参数设置。①在单通道常规显示模式下操作，在键盘中输入想要设定的频率数值，然后选择频率单位：μHz、mHz、Hz、kHz、MHz，同样方式设定幅值（高电平与低电平）、偏移、相位、同相位，如图5（b）所示（提示：频率范围1 μHz～20 MHz）；②在单通道图形显示模式下操作，需要利用菜单键调出菜单才可以进行设置；③在双通道常规显示模式下操作，对任意一个通道进行设置时需要配合"通道切换"按键（注意：对参数进行微调时可以结合方向键与旋钮键来调整）。

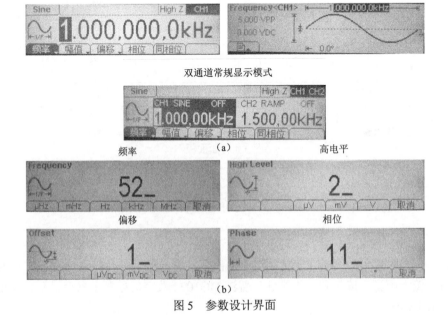

图5　参数设计界面

（4）参数设置完成后，按下通道使能键在示波器上就会显示相应的波形，如图 6 所示（示波器的使用方法见附录 2，这里通道一为 1 kHz 正弦波，通道二为 2 kHz 方波）。

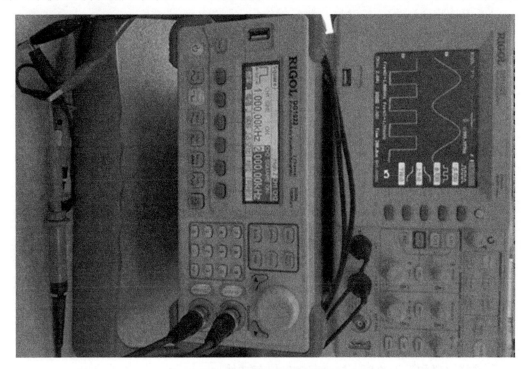

图 6　信号发生器与示波器配合使用图

（5）存储文件（包含本地存储与外部存储）。

①利用模式/功能键区中的"Store/Recall"按键调出存储操作界面，存储操作界面包含浏览器、类型、读取、存储、删除，具体说明如图 7 所示；

功能菜单	设定	说明
浏览器	本地	切换文件系统显示的路径
	U 盘（U 盘插入时）	
类型	状态	可存储 10 个信号发生器的设置
	数据	可存储 10 个任意波形文件
	所有	所有类型文件
读取	/	读取存储区指定位置的波形和设置等信息到易失性存储器中并进行输出
存储	/	保存波形和设置文件到指定位置
删除	/	删除存储器内已存任意波形

（a）

（b）

图 7　存储操作界面及说明图

②本地存储。利用浏览器与类型功能选择"本地"、"状态"→使用面板上的旋钮选择需要保存的文件编号→按下存储按钮调出文件命名界面（"EN"：英文；"CN"：中文）→利用面板上的旋钮键与键盘配合命名，如图 8 所示；

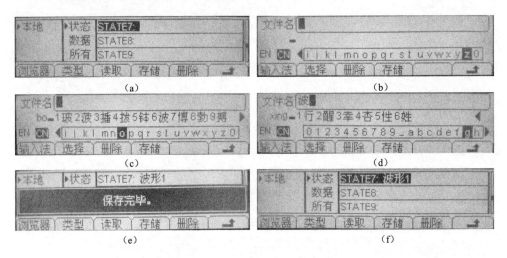

图 8　存储操作流程

③外部存储。将可移动存储器插入前面板的 USB 接口，屏幕右上角显示"↔"，提示系统检测到 U 盘→按"Store/Recall"按钮调出存储操作界面→按"浏览器"选中"U盘"→选择"类型"为数据→按"存储"保存文件；

④将 U 盘从接口拔下，系统存储菜单中盘符"↔"消失，提示 U 盘被移走。

自动化基础实训报告（一）

实训题目：实训一 基本仪表使用与基础电子元件的检测

序号	学号	姓名		成绩
1（组长）				
2（组员）				
3（组员）				
				报告形成日期
指导老师				

【实训时间与任务安排以及各组员贡献说明】

【实训地点】

【实训目的】（总结实训目的，不超过 50 字）

【实训所需元件、实验设备与软件】

名称	种类、型号规格	数量
市电插座		1 个
数字万用表		1 台
指针万用表		1 台
LCR 电桥测试仪		1 台
钳形表		1 台
示波器		1 台
试电笔		1 支
元件电路板		1 块
铅笔、直尺	自备	1 套

【实训内容】（总结实训内容，不超过 50 字）

【实训结果与分析】

1. 认识市电

表 1　判断火线与零线

测试情况描述	是否符合左零右火
	□是　　□否

2. 基本仪表使用

1）万用表与钳表

表 2　练习使用万用表

所用万用表类型是什么？	□指针式　　□数字式
所用万用表可以测量哪些量？更换挡位，概括液晶屏显示内容的变化。	
万用表有复用功能吗？	□有　　　　□没有 若有，切换复用功能的按键是：
说明万用表的通断测试方法，并判断万用表是否可以正常使用	
市电交流电电压值（V）——显示的是有效值	
钳表如何测量电流？	

2）示波器

表 3　练习使用示波器

完成操作情况	□顺利完成　□需要补偿　□仪器不能使用
补偿操作方法	

完成操作之后数据记录（手绘波形，注意标注必要的数据）

峰-峰值/V	最大值/V	最小值/V	频率/Hz

3）LCR电桥测试仪

表4　练习使用 LCR 电桥测试仪

完成操作情况	□顺利完成　　　□仪器不能使用
操作与显示情况描述	

3. 元件观察与检测

1）测量物体电阻

表5　测量物体电阻

表笔接触	导线	石墨	开关断开	开关闭合	人体	绝缘体
0.3 Ω						

2）识别色环电阻

表6　测量色环电阻

序号	图形	色环数	有效数字	乘数	偏差	读数	表测量值	标称值	功率
示例		5	100	10^2	±1%	10 kΩ	10.01 kΩ	10 kΩ	1/4 W
1									
2									

3）测量电阻排

表7　电阻排测试量据

标识		外形图	
1. 引脚 1 和其他引脚间的电阻值：			

续表

2. 引脚 2 和其他引脚间的电阻值：

分析上述数据可得如下结论：

1. 电阻排的内部结构：	2. 电阻排的标称值：
	3. 电阻排的允许偏差：

4）测量电位器

表 8　电位器测量数据

标识		外形示意图	

用螺丝刀调整电位器旋钮，电位器引脚 1 和 2 电阻值变化范围为：

用螺丝刀调整电位器旋钮，电位器引脚 1 和 3 电阻值变化范围为：

用螺丝刀调整电位器旋钮，电位器引脚 2 和 3 电阻值变化范围为：

分析上述数据可得如下结论：

1. 电位器的固定端：　　可调端：

2. 电位器对应的电气图形符号：

3. 电位器的标称值：

4. 电位器的允许偏差：

5）测量变压器电阻

表 9　变压器测量数据

元件序号	标识	引脚分布图	初级电阻	次级 1 电阻	次级 2 电阻（若无则不填）	电气图形符号
1						
2						

6）测量电容器

表 10　电容器测量数据

元件序号	外形图	标识	介质	电容值	电气图形符号	好/坏
1（无极性）						
2（有极性）						

7）测量电感器

表 11　电感器测量数据

元件序号	外形图	标识	损耗电阻值	电感量	电气图形符号	好/坏
1（工型）						

8）二极管（含发光二极管）的检测

表 12　二极管的测量数据

元件序号	外形图	标识	二极管挡测量（电压值）		电阻挡测量（电阻值）		电气图形符号
			正向值	反向值	正向值	反向值	
1（普通）							
2（发光）							

思考题：发光二极管与普通二极管测量结果有何不同？为何有时无法用电阻挡测量？

9）双极型晶体三极管的检测

表 13　双极型晶体三极管的测量数据

元件序号	外形图	标识	基极 B 引脚号	集电极 C 引脚号	发射极 E 引脚号	类型	电气图形符号	放大倍数
1								
2								

10）MOSFET（场效应管）的检测

表 14　MOSFET（场效应管）的测量数据

元件序号	外形图	标识	栅极 G 引脚号	漏极 D 引脚号	源极 S 引脚号	N/P 沟道类型	耗尽/增强类型	电气图形符号	内二极管正向阻值	好/坏
1										

11）常用芯片标识（标注的文字与符号）与管脚顺序辨识

表 15　常用芯片标识与管脚顺序辨识

元件序号	外形图	标识	元件功能描述（要求自己总结）	封装描述
1				
2				

【实训总结】

实训结论（注意思考"什么叫结论？"）：

体会和感受：

好与不好（各列三点）：

做的好的地方	做的不好的地方

自动化基础实训报告（二）

实训题目：实训二　自制线性直流稳压电源原理图与印制板图的绘制

序号	学号	姓名		成绩
1（组长）				
2（组员）				
3（组员）				
				报告形成日期
指导老师				

【实训时间与任务安排以及各组员贡献说明】

【实训地点】

【实训目的】（总结实训目的，不超过 50 字）

【实训所需元件、实验设备与软件】

名称	种类、型号规格	数量
	/	1 个

【实训内容】（总结实训内容，不超过 50 字）

【实训结果与分析】

表 1　自制线性直流稳压电源工作原理描述

原理性结构图	
原理描述	

表 2　自制线性直流稳压电源元件清单与成本核算

序号	符号	名称	型号	数量	单价/元	合计/元	备注
一、电阻							
1	R_1	电阻	2 kΩ（1/4 W）	1 个			
2	R_2	电阻	5 Ω（10 W）[用 2 个 10 Ω（5 W）并联]	1 个			
3	R_3	电阻	6.2 kΩ（1/4 W）	1 个			
4	R_4	电阻	470 Ω（1/4 W）	1 个			
5	R_5	电阻	25 Ω（15 W）[用 3 个 75 Ω（5 W）并联]	1 个			
6	R_{P1}	电阻	50 Ω（2 A）	1 个			外接负载
7	R_{P2}	电阻	10 kΩ（2 W）	1 个			
8	R_{P3}	电阻	50 Ω（2 A）	1 个			外接负载

续表

序号	符号	名称	型号	数量	单价/元	合计/元	备注
二、电容							
9	C_1、C_4	电解电容	1000 μF（25 V）	2个			
10	C_2、C_5、C_7、C_{10}	独石电容	0.1 μF（50 V）	4个			
11	C_6	电解电容	1000 μF（63 V）	1个			
12	C_9	电解电容	1000 μF（50 V）	1个			
13	C_3、C_8	独石电容	1 μF（50 V）	2个			
三、集成电路							
14	LM_1	稳压器	LM7805	1个			带散热
15	LM_2	稳压器	LM317	1个			带散热
四、其他元件							
16	T_1	变压器	两路 220:10 V 220:24～30 V	1个			外接，螺丝固定
17	D_1、D_2	发光管		2个			红或绿
18	BG_1、BG_2	整流桥	2A（600V）	2个			
五、制板							
19	F_1	印制板或面包板	211 mm（长）× 87 mm（宽）	1块			按图 1 绘制
20	F_2	附件	市电插头、0.5 m 两芯线缆、接线端子、跳线等	1套			
		成本					

线性直流稳压电源的原理图与印制板图附后。

【实训总结】

实训结论（注意思考"什么叫结论？"）：

体会和感受：

好与不好（各列三点）：

做的好的地方	做的不好的地方

自动化基础实训报告（三）

实训题目：实训三　自制线性直流稳压电源电路板的焊接

序号	学号	姓名		成绩
1（组长）				
2（组员）				
3（组员）				
				报告形成日期
指导老师				

【实训时间与任务安排以及各组员贡献说明】

【实训地点】

【实训目的】（总结实训目的，不超过 50 字）

【实训所需元件、实验设备与软件】

名称	种类、型号规格	数量
电烙铁		1 个
焊锡		1 个
数字万用表		1 个
剪线钳		1 个
元件清单及印制板	见表 1	1 套

【实训内容】（总结实训内容，不超过 50 字）

【实训结果与分析】

表 1　自制线性直流稳压电源元件清单与检测、摆放自查与纠正

教师签名：

序号	符号	名称	型号	数量	检测结果描述	自查与纠正情况（正确或纠正过）
1	R_1	电阻	2 kΩ（1/4 W）	1 个		
2	R_2	电阻	5 Ω（10 W）[用 2 个 10 Ω（5 W）并联]	1 个		
3	R_3	电阻	6.2 kΩ（1/4 W）	1 个		
4	R_4	电阻	470 Ω（1/4 W）	1 个		
5	R_5	电阻	25 Ω（15 W）[用 3 个 75 Ω（5 W）并联]	1 个		
6	R_{P1}	电阻	50 Ω（2 A）	1 个	外接，本实训不需要接，不填	
7	R_{P2}	电阻	10 kΩ（2 W）	1 个		
8	R_{P3}	电阻	50 Ω（2 A）	1 个	外接，本实训不需要接，不填	
9	C_1、C_4	电解电容	1000 μF（25 V）	2 个		
10	C_2、C_5、C_7、C_{10}	独石电容	0.1 μF（50 V）	4 个		
11	C_6	电解电容	1000 μF（63 V）	1 个		
12	C_9	电解电容	1000 μF（50 V）	1 个		

序号	符号	名称	型号	数量	检测结果描述	自查与纠正情况（正确或纠正过）
13	C_3、C_8	独石电容	1 μF（50 V）	2个		
14	LM_1	稳压器	LM7805	1个		
15	LM_2	稳压器	LM317	1个		
16	T_1	变压器	两路 220:10 V 220:24～30 V	1个		
17	D_1、D_2	发光管		2个		
18	BG_1、BG_2	整流桥	2A（600V）	2个		
19	F_1	印制板或面包板	211 mm（长）×87 mm（宽）	1块	□一致□不一致（方框内打"√"）	
20	F_2	附件	市电插头、0.5 m 两芯线缆、接线端子、跳线等	1套		

表2　焊接好的自制电源图片

焊接好的自制电源图片	

表3　电路板特点与焊接方法总结

总结电路板特点（按点列出）	焊接方法（按点列出）

【实训总结】

实训结论（注意思考"什么叫结论？"）：

体会和感受：

好与不好（各列三点）：

做的好的地方	做的不好的地方

自动化基础实训报告（四）

实训题目：实训四　自制线性直流稳压电源与调试及性能测试

序号	学号	姓名		成绩
1（组长）				
2（组员）				
3（组员）				
				报告形成日期
指导老师				

【实训时间与任务安排以及各组员贡献说明】

【实训地点】

【实训目的】（总结实训目的，不超过 50 字）

【实训所需元件、实验设备与软件】

名称	种类、型号规格	数量
调压器（可以不提供，直接提供 AC220V 电源）		1个
示波器		1个
滑动变阻器		1个
万用表（可以测电压电流）		2个
十字螺丝刀		1个
一字螺丝刀		1个
剪线钳		1个
焊接好的线性直流稳压电源的电路板	双面，211 mm（长）×87 mm（宽）	1块

【实训内容】（总结实训内容，不超过 50 字）

【实训结果与分析】

表1　关于变压器与万用表的问题与作答

问题	作答
1、输入电压是 AC220V，输出电压是 AC10V，那一路的变比是多少？	
2、输入电压是 AC220V，输出电压是 AC30V，那一路的变比是多少？	
3、若变压器原边输入电压 DC220V，输出电压是多少？	
4、左侧的万用表调到电压挡了吗（在后面实训中要进一步选择直流或交流）？	

表2　关于测量的问题与作答

1、在印制板中的跳线有哪些？它们的作用分别是什么？

2、在印制板中的测量点有哪些？它们的作用分别是什么？

3、测量负载电流采用的方式：□测 R_2 或 R_5 两端电压计算□直接串入电流表测量

确认相应的挡位选择好了吗？□已正确选择与测电流方式对应的挡位

4、如何得到或获取线性直流稳压电源的最大电流和最大功率？一般又如何取得近似值？

表3　自制线性直流稳压电源初步检查数据与结果

教师签名：

5V 直流电源部分	
（1）5V 电源指示灯是否点亮？点亮与否说明什么？	
（2）电源指示灯（发光二极管）放在 LM7805 前、后，以及变压器输出端有什么不同？	
（3）+5V 与 GND1 两端的电压测量值	

可变直流电源部分（按原理图 R_4=470 Ω，假设 R_{P2}=0～10 kΩ）				
（4）V_out 与 GND2 两端的电压最小值	测量		计算	
（5）V_out 与 GND2 两端的电压最大值	测量		计算	
（6）V_out 与 GND2 两端的电压是否调到24V？				

表4　自制线性直流稳压电源各点电压的测量数据与结果

直流挡测量			结果说明
直流 20V 挡	+5 V—GND1	V_out—GND1	
直流 200V 挡	+5 V—GND2	V_out—GND2	

交流挡测量			结果说明
交流挡	P1 两端（变压器原边）	+5 V—GND1	V_out—GND2	
交流挡	ac1_1—ac1_2	ac2_1—ac2_2	ac1_1—ac2_1	

表 5　自制直流稳压电源各点电压波形的测量与结果（注意标注基本数据）

	ac1_1—ac1_2 波形	ac2_1—ac2_2 波形	说明什么？
DC 耦合			
AC 耦合			

		dc1_1—GND1 波形	dc2_1—GND2 波形	说明什么？
DC 耦合	J1_1、J2_1 断开			
	J1_1、J2_1 接通			
AC 耦合	J1_1、J2_1 断开			
	J1_1、J2_1 接通			

	+5 V—GND1 波形	V_out—GND2 波形	说明什么？
DC 耦合			

表 6　自制线性直流稳压电源输出特性的测试

	AC220V	CN2—U_{10}	$U_{1\,min}$	CN3—U_{20}	$U_{2\,min}$
测量准备工作					
串入 A1，调整 R_{P1}	$0.99\,U_{10}$	$0.98\,U_{10}$	$0.97\,U_{10}$	$0.96\,U_{10}$	$0.95\,U_{10}$

续表

	AC220V	CN2—U_{10}	$U_{1\,min}$	CN3—U_{20}	$U_{2\,min}$
对应电流值					

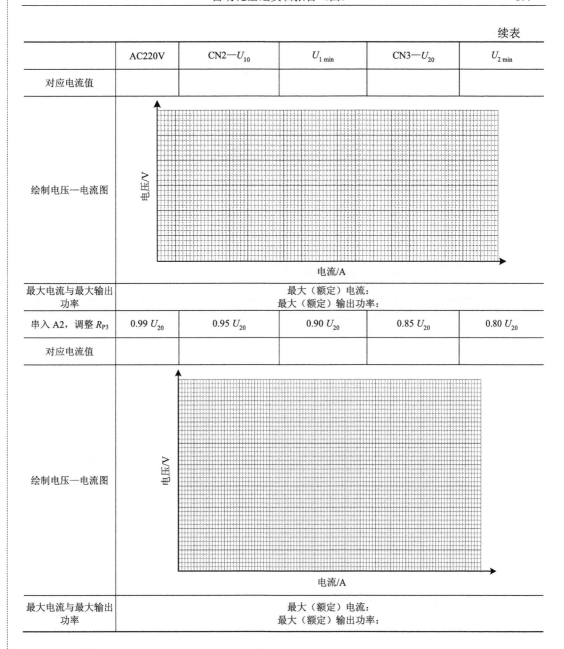

绘制电压—电流图	

最大电流与最大输出功率	最大（额定）电流： 最大（额定）输出功率：

串入 A2，调整 R_{P3}	0.99 U_{20}	0.95 U_{20}	0.90 U_{20}	0.85 U_{20}	0.80 U_{20}
对应电流值					

绘制电压—电流图	

最大电流与最大输出功率	最大（额定）电流： 最大（额定）输出功率：

【实训总结】

实训结论（注意思考"什么叫结论？"）：

体会和感受：

好与不好（各列三点）：

做的好的地方	做的不好的地方

自动化基础实训报告（五）

实训题目：实训五　低压配电与应用

序号	学号	姓名		成绩
1（组长）				
2（组员）				
3（组员）				
				报告形成日期
指导老师				

【实训时间与任务安排以及各组员贡献说明】

【实训地点】

【实训目的】（总结实训目的，不超过 50 字）

【实训所需元件、实验设备与软件】

名称	种类、型号规格	数量
调压器（可选）		1 个
三相四线制（3P+N）断路器		1 个
单相 1P 断路器		1 个
2P 保险管导轨插座		1 个
数字万用表		2 个
白炽灯泡		1 个
单刀双掷开关		2 个
滑线变阻器		1 个
导轨	/	若干
电力导线	/	若干
铅笔直尺	自备	1 套
配电连接线	/	1 根

【实训内容】（总结实训内容，不超过 50 字）

【实训结果与分析】

1）低压配电

表 1　低压配电检验记录表

检验项目名称	检验结果	检验结果否的情况下，说明具体原因
断电情况下断开断路器测量用电侧		
所有的 N 线是否连通	□是　　□否	
所有的 PE 线是否连通	□是　　□否	
单相两线制插座的 L 与三相四线制插座 A 是否连通	□是　　□否	
单相三线制插座的 L 与三相四线制插座 B 是否连通	□是　　□否	
三相四线制插座 A 相、B 相、C 相互相之间是否不通	□是　　□否	

续表

检验项目名称	检验结果	检验结果否的情况下，说明具体原因
三相四线制插座 A 相、B 相、C 相均与 N 之间是否不通	□是　　□否	
三相四线制插座 A 相、B 相、C 相均与 PE 之间是否不通	□是　　□否	
N 与 PE 之间是否不通	□是　　□否	

断电情况下闭合断路器测量用电侧与电网侧

检验项目名称	检验结果	检验结果否的情况下，说明具体原因
所有的 N 线与接线柱 N 是否连通	□是　　□否	
所有的 PE 线与接线柱 PE 是否连通	□是　　□否	
接线柱 A 与单相两线制插座的 L 及三相四线制插座 A 相是否连通	□是　　□否	
接线柱 B 与单相三线制插座的 L 及三相四线制插座 B 相是否连通	□是　　□否	
接线柱 A 相、B 相、C 相互相之间是否不通	□是　　□否	
接线柱 A 相、B 相、C 相均与 N 之间是否不通	□是　　□否	
接线柱 A 相、B 相、C 相均与 PE 之间是否不通	□是　　□否	
接线柱 N 与接线柱 PE 之间是否不通	□是　　□否	

教师签名：

通电情况下合上断路器测量用电侧插座

测量两孔插座	N 与 L 的电压有效值： 不正常的原因： （不正常需要更正！）	是否正常：□正常　　□不正常
测量三孔插座	N 与 L 的电压有效值： 不正常的原因： （不正常需要更正！）	是否正常：□正常　　□不正常
	PE 与 L 的电压有效值： 不正常的原因： （不正常需要更正！）	是否是否正常：□正常　　□不正常
	PE 与 N 的电压有效值： 不正常的原因： （不正常需要更正！）	正常：□正常　　□不正常
测量四孔插座	N 与 L1 的电压有效值： N 与 L2 的电压有效值： N 与 L3 的电压有效值： （不正常需要更正！）	是否正常：□正常　　□不正常 不正常的原因：
	PE 与 L1 的电压有效值： PE 与 L2 的电压有效值： PE 与 L3 的电压有效值： （不正常需要更正！）	是否正常：□正常　　□不正常 不正常的原因：
	PE 与 N 的电压有效值： 不正常的原因： （不正常需要更正！）	是否正常：□正常　　□不正常

通电情况下合上断路器测量试验漏电测试按钮

按漏电测试按钮 T	□开关跳开　　□开关不跳说明漏电保护是否正常：□正常　　□不正常 若不正常，需要查明原因并更换！

2）楼梯双控开关灯

表2 双控功能和调光功能测试记录

教师签名：

手绘可调光双控灯实验电路	功能测试
	（1）线路接线正确否： （2）出现的问题是： （3）问题解决方式： （4）双控功能实现否： （5）可调光功能实现否：

表3 双控调光灯电压—电流变化数据与曲线

手绘带测量的可调光双控灯实验电路			
序号	电压/V	电流/A	手绘电压—电流曲线（冷态灯泡阻值： ）
1			
2			
3			
4			
5			
6			
7			
8			
数据分析（如为何不是直线等）			

3）电机运行

表4　电机运行操作记录

教师签名：

正面对输入轴芯看电机的转向	□ 正转（顺时针） □ 反转（逆时针）	说明原因：

【实训总结】

实训结论（注意思考"什么叫结论？"）：

体会和感受：

好与不好（各列三点）：

做的好的地方	做的不好的地方

自动化基础实训报告（六）

实训题目：实训六　电机系统电路原理图与电气接线图绘制

序号	学号	姓名		成绩
1（组长）				
2（组员）				
3（组员）				
				报告形成日期
指导老师				

【实训时间与任务安排以及各组员贡献说明】

【实训地点】

【实训目的】（总结实训目的，不超过 50 字）

【实训所需元件、实验设备与软件】

名称	种类、型号规格	数量
	/	1个

【实训内容】（总结实训内容，不超过 50 字）

【实训结果与分析】

表 1 电动机起动、停止系统元件清单与成本核算（根据需要扩展行）

序号	符号	名称	型号	数量	单价/元	合计/元	备注
1							
2							
3							
4							
5							
6							
7							
8							
9							
10							
11							
12							
13							
14							
成本							

绘图另附纸张于报告之后。

【实训总结】

实训结论（注意思考"什么叫结论？"）：

体会和感受：

好与不好（各列三点）：

做的好的地方	做的不好的地方

自动化基础实训报告（七）

实训题目：实训七　低压电器检测和电动机点动与连续运行

序号	学号	姓名		成绩
1（组长）				
2（组员）				
3（组员）				
				报告形成日期
指导老师				

【实训时间与任务安排以及各组员贡献说明】

【实训地点】

【实训目的】（总结实训目的，不超过 50 字）

【实训所需元件、实验设备与软件】

名称	型号规格	数量
数字万用表		1个
交流接触器		1个

续表

名称	型号规格	数量
断路器（三路）		1 个
断路器（单路）		2 个
热继电器		1 个
控制按钮		2 个
笼型三相异步电动机		1 个
十字螺丝刀	/	1 个
一字螺丝刀	/	1 个
接线端子排	/	1 个
导线	/	若干
线槽	/	若干
配电与电气控制系统实训板	/	1 块
铅笔直尺	自备	1 套
配电连接线	/	1 根

【实训内容】（总结实训内容，不超过 50 字）

【实训结果与分析】

表 1　交流接触器测试数据表

教师签名：

型号			铭牌参数		
顶视图及标注（主触头、辅助动合/动断辅助触头和吸引线圈）					电路符号
断电测试	主触点是否完好		辅助触点是否完好		
	线圈阻值		/		/
通电测试	主触点是否吸合		吸合线圈两端电压		
如果交流接触器上吸引线圈的额定电压由某种原因看不清楚，应该如何测试？					

表2　热继电器测试数据表

型号		铭牌参数	
俯视图及标注（含动合/动断触头外观）			电路符号
断电测试	发热元件是否通		常开触点是否完好	
	常闭触点是否完好		/	/

表3　断路器测试数据表

型号		铭牌参数	
俯视图及标注			电路符号
断电测试	是否完好		是否与接线柱接触牢靠	

表4　电机的三角形与星形接法

接法名称	三角形接法	星形接法
接线盒接线示意图		
本实训采用接法	□三角形接法	□星形接法

表5　电动机的连续运行与点动运动

连续运行情况的线接好后自查了吗？		教师签名：

操作起动按钮和停止按钮观察电动机的运行情况，描述并写出遇到的问题与解决方法

画出点动的控制电路图（横着画）

阐述点动工作过程	
点动功能实现了吗？	

续表

比较三相异步电动机点动、连动控制的不同	
回答思考题	
(1)"自锁"的含义是什么？	

(2)接通电源后，未按起动按钮，电动机立即起动旋转，是什么原因？按下停止按钮，电动机不能停止，又是什么原因？

(3)若电动机不能实现连续运行，可能的故障是什么？

(4)若自锁常开触头错接成常闭触头，会发生怎样的现象？

(5)线路中已用了热继电器，为什么还要装断路器？是否重复？

【实训总结】

实训结论（注意思考"什么叫结论？"）：

体会和感受：

好与不好（各列三点）：

做的好的地方	做的不好的地方

自动化基础实训报告（八）

实训题目：实训八　三相异步电动机的可逆运行控制

序号	学号	姓名		成绩
1（组长）				
2（组员）				
3（组员）				
				报告形成日期
指导老师				

【实训时间与任务安排以及各组员贡献说明】

【实训地点】

【实训目的】（总结实训目的，不超过 50 字）

【实训所需元件、实验设备与软件】

名称	种类、型号规格	数量
数字万用表		1 个
交流接触器		2 个
断路器（三路）		1 个
断路器（单路）		2 个
热继电器		1 个
控制按钮		1 个
笼型三相异步电机		1 个
十字螺丝刀	/	1 个
一字螺丝刀	/	1 个
接线端子排	/	1 个
导线	/	若干
线槽	/	若干
配电与电气控制系统实训板	/	1 块
铅笔直尺	自备	1 套
配电连接线	/	1 根

【实训内容】（总结实训内容，不超过 50 字）

【实训结果与分析】

表 1　电动机的可逆运行控制数据记录表

手绘电动机可逆运行具有电气和按钮双联互锁的控制线路图

续表

阐述工作过程	
线接好后自查了吗？	教师签名：

操作起动按钮和停止按钮观察电动机的运行情况，描述并写出遇到的问题与解决方法

同组某位同学人为制造故障描述	同组其他同学排除故障过程描述

回答思考题

（1）按下 SB2（或 SB3）电动机正常运行后，轻按一下 SB3（或 SB2），观察电动机运转状态有什么变化？电路中会发生什么现象？为什么？

（2）实训中如果发现按下正（或反）转按钮，电动机旋转方向不变，分析故障原因。

（3）线路中已使用热继电器，为什么还要装断路器？是否重复？

【实训总结】

实训结论（注意思考"什么叫结论？"）：

体会和感受：

好与不好（各列三点）：

做的好的地方	做的不好的地方

自动化基础实训报告（九）

实训题目：实训九　Pt100 温度传感器性能

序号	学号	姓名		成绩
1（组长）				
2（组员）				
3（组员）				
				报告形成日期
指导老师				

【实训时间与任务安排以及各组员贡献说明】

【实训地点】

【实训目的】（总结实训目的，不超过 50 字）

【实训所需元件、实验设备与软件】

名称	型号规格	数量
数字万用表		1 个
温度传感器	WZPT-10 型 Pt100	1 个
十字螺丝刀	/	1 个
一字螺丝刀	/	1 个

续表

名称	型号规格	数量
温度显示仪		1 个
实验用水杯	实验室自备	1 个
信号导线	/	若干
市电单相电源线	/	1 根
电力导线	/	若干
铅笔直尺	自备	1 套

【实训内容】（总结实训内容，不超过 50 字）

【实训结果与分析】

表 1　用多圈电位器模拟 Pt100 温度传感器检查温控器性能数据记录表

教师签名：

校调仪表（100 Ω）	显示值：_____　　修正值：					
电位器电阻值/Ω	100	104	108	112	127	139
仪表显示温度/℃						
万用表读数/mV（直流）						
查表得到的温度/℃						
计算相对误差						

说明合理性：

表 2　Pt100 温度传感器测试手温记录表

/	同学 A	同学 B
万用表读数/Ω		
换算温度值/℃		
合理性分析		

表3 **Pt100温度传感器测试开水水温下降记录表与特性图**（空气温度：   ）

教师签名：

时间/min	0	3	6	9	12	15	18	21	24	27	30
万用表读数/Ω											
换算温度值/℃											
仪表显示温度/℃											
绘制温度(t)—阻值(R_t)											
写出直线方程											
验证数据合理性											

【实训总结】

实训结论（注意思考"什么叫结论？"）：

体会和感受：

好与不好（各列三点）：

做的好的地方	做的不好的地方

自动化基础实训报告（十）

实训题目：实训十　温度控制系统的调试

序号	学号	姓名		成绩
1（组长）				
2（组员）				
3（组员）				
				报告形成日期
指导老师				

【实训时间与任务安排以及各组员贡献说明】

【实训地点】

【实训目的】（总结实训目的，不超过 50 字）

【实训所需元件、实验设备与软件】

名称	型号规格	数量
数字万用表		1 个
温度传感器	WZPT-10 型 Pt100	1 个
十字螺丝刀	/	1 个
一字螺丝刀	/	1 个
温控器		1 个
保温箱	25W 螺口白炽灯+圆柱箱体	1 个
多圈电位器	WX03-13/220Ω±5%	1 个
信号导线	/	若干
市电单相电源线	/	1 根
电力导线	/	若干
秒表	用手机代替	1 个
铅笔直尺	自备	1 套

【实训内容】（总结实训内容，不超过 50 字）

【实训结果与分析】

表 1　用多圈电位器模拟 Pt100 温度传感器观测温控器输出状态记录表

仪表显示温度/℃	0	35	37	39	40	41	43	45
"OUT1" 指示灯								
继电器常开触点状态								
"AL1" 指示灯								
AL1 常开触点状态								

表 2　温控器参数自整定功能的使用与测试（SV=60℃）

教师签名：

画出温度控制闭环系统示意框图

自整定是否设置正确：＿＿＿＿＿＿＿

环境温度 $T_a=$　　℃			$P=$　　、$I=$　　、$D=$					测试过程报警次数：		
时间/s	0	10	20	30	40	50	60	70	80	90
0										
100										
200										
300										
400										
500										
600										
700										

描述灯泡在测试过程中亮灭的过程：

描述报警在测试过程中起作用的过程：

依实训数据绘制温度响应曲线图（请在下图中描点，并且手工拟合曲线）

续表

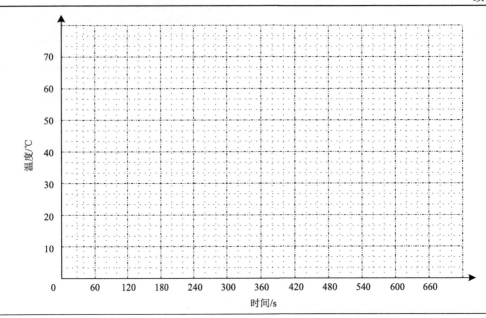

对曲线进行说明:

表3 第一组 *P*、*I*、*D* 参数下测量数据（SV=60℃）

环境温度 T_a=＿＿＿℃			P=10、I=0、D=0					测试过程报警次数:＿＿＿		
时间/s	0	10	20	30	40	50	60	70	80	90
0										
100										
200										
300										
400										
500										
600										
700										

描述灯泡在测量过程中亮灭的过程:

描述报警在测量过程中起作用的过程:

表4 第二组 *P*、*I*、*D* 参数下测量数据（SV=60℃）

环境温度 T_a=＿＿℃			*P*=10、*I*=100、*D*=0						测试过程报警次数：＿＿		
时间/s	0	10	20	30	40	50	60	70	80	90
0										
100										
200										
300										
400										
500										
600										
700										

描述灯泡在测量过程中亮灭的过程：

描述报警在测量过程中起作用的过程：

表5 第三组 *P*、*I*、*D* 参数下测量数据（SV=60℃）

环境温度 T_a=＿＿℃			*P*=10、*I*=100、*D*=200						测试过程报警次数：＿＿		
时间/s	0	10	20	30	40	50	60	70	80	90
0										
100										
200										
300										
400										
500										
600										
700										

描述灯泡在测量过程中亮灭的过程：

描述报警在测量过程中起作用的过程：

表 6　三组 P、I、D 参数下响应曲线与分析（SV=60℃）

在同一坐标系中绘制三组实验数据形成的曲线

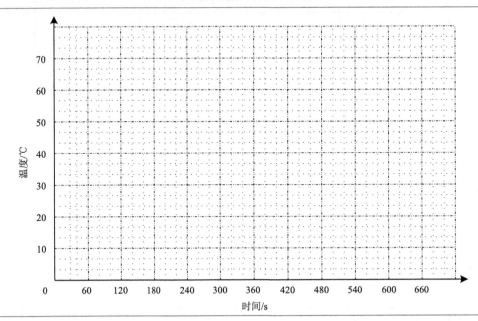

数据分析与总结：

【实训总结】

实训结论（注意思考"什么叫结论？"）：

体会和感受：

好与不好（各列三点）：

做的好的地方	做的不好的地方

自动化基础实训报告（十一）

实训题目：实训十一　绘制温控装置的屏、箱、柜、体图

序号	学号	姓名		成绩
1（组长）				
2（组员）				
3（组员）				
				报告形成日期
指导老师				

【实训时间与任务安排以及各组员贡献说明】

【实训地点】

【实训目的】（总结实训目的，不超过 50 字）

【实训所需元件、实验设备与软件】

名称	种类、型号规格	数量
	/	1 个
	/	1 个

【实训内容】（总结实训内容，不超过 50 字）

【实训结果与分析】

设计思想和方法：

绘图另附纸张于报告之后。

【实训总结】

实训结论（注意思考"什么叫结论？"）：

体会和感受：

好与不好（各列三点）：

做的好的地方	做的不好的地方